1

A MECÂNICA QUÂNTICA DO UNIVERSO

Bruno Sampaio de Sousa

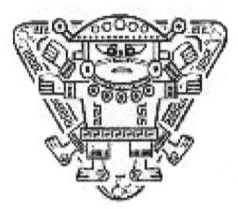

01 05 2018 – Sintra, Portugal

Índice

Prefácio

Este livro aborda temas como os mundos paralelos e a ausência de tempo, o enigma da existência do homem na terra e a sua origem extraterrestre, as realidades fragmentadas de Stephen Hawking, o poder da crença nas civilizações astecas e na modernidade Marxista-Nazi. A relatividade de Einstein e as três pirâmides sagradas do Egito, o cinturão de Oríon e as mensagens intergalácticas, a mediunidade e o espiritismo na mecânica quântica de Max Planck. O possível e o impossível, o poder da mente e a consciência como criadora do universo - Biocentrismo. O propósito desta obra é abrir os horizontes para a nova era, preparar a humanidade para o nosso futuro estrelar e entender as mensagens Budistas e Crísticas enviadas pelos nossos ancestrais de origem cósmica alienígena. A super-raça humana, o Deus-homem e a história do pensamento filosófico através dos tempos. Sucessor do livro Psicofilosofia, Akenaton Fala e A Partícula de Deus, mais uma obra psicografada de Bruno Sampaio de Sousa, poeta, escritor, metafisico e espírita português.

Nota do autor:

Sou apenas um homem, não tenho nada de sábio, nem uma inteligência superior. A vida conduziu-me à poesia, por motivos românticos, tal como Platão bem afirmava. Tudo teve uma origem divina, o amor. Tenho a certeza absoluta que tudo que sei, vem de cima, como todos os iluminados, os médiuns, os artistas e as pessoas com sensibilidade mais apurada. Atravessei os desertos que tinha de atravessar, talvez tenha encontrado uma luz, talvez essa luz seja a resposta. Também li mais de 900 livros, durante a minha travessia, perdi um império material e descobri um império mental, como Sócrates afirmava "conhece-te a ti mesmo", é um fato. Espero que toda minha jornada tenha seus frutos positivos, apesar de ser apenas um homem, tento ser um homem de bem, e assim, dar o meu melhor contributo para aqueles que tanto amo – a humanidade. Agradecimentos àqueles que sempre estão comigo, a minha família, os meus filhos, as amizades que não têm realmente um preço, e também, à minha ex-mulher, que, por ter feito da minha vida um interessante inferno, (apesar de ser uma mulher maravilhosa), abriu as portas para o meu infinito deserto, de onde fui buscar todo meu ouro: - o conhecimento.

Introdução

Um escritor é um homem nu. Ele despe-se e toda gente vê o que está lá dentro, isso desperta a curiosidade das pessoas. Porque é preciso muita coragem para abrir a alma, revelar-se para o mundo. Mais coragem do que mostrar o corpo, afinal, um corpo é só um corpo, por mais belo que seja ninguém fica a olhar por mais de 30 segundos. Mas a alma é algo muito diferente. Ela transpõe várias plataformas do pensamento inteligente e revela segredos profundos da biblioteca mental. Mas esse escritor só vai atrair os seus semelhantes, porque a lei da atração assim proclama. Se ele for um crítico, um revoltado, vai manifestar constantemente a sua indignação para com a vida, o estado, o governo e a sociedade. Irá atrair todos os revoltados, comunistas, frustrados com os erros do planeta e dos homens, que nunca mais acabam porque são constantemente invocados. As outras pessoas, talvez mais avançadas, não irão apreciar essa crítica constante que, por mais verdadeira possa parecer, não leva a lugar algum. Depois existem os escritores racionalistas, apresentam uma linguagem perfeita, técnica, mecanicista e por melhor que seja essa escrita torna-se entediante ao fim de uma linha. Na vida real são pessoas objetivas, isentas de paixão, ninguém pode dar o que não tem, damos somente o que temos. Como poucas pessoas estão interessadas em ler o manual de um micro-ondas, viram a página ao autor, é simplesmente chato. Temos então a terceira gama de escritores, os Platónicos, com criação e sensibilidade. Ora sensibilidade é algo interessante, demonstra alma e alma é algo bonito de se ver, porque também se sente. Como uma suave melodia que toca devagar...

As pessoas gostam de sentir, elas sentem o que o "escritor nu "sente e compreendem a voz dos mais sábios, porque também elas são sábias. Se não fossem, não havia sincronicidade alguma, as pessoas adoram saber que existe mais alguém com a mesma visão do mundo. Independentemente dos estudos de cada um... é uma conexão mental, durante aqueles momentos de leitura, ambos são a mesma pessoa multidimensional. Isto porque falam a mesma língua, ouvem a mesma musica e ambos dançam em sincronia no universo que os une. Isso é muito interessante, uma conversa intemporal com todo um planeta de semelhantes. Cria-se uma harmonia, uma vibração harmónica específica que atravessa o cosmos e é absolutamente gratificante, porque se sente!

Akenaton

O que aconteceria se eu agora enviasse uma onda atómica de amor infinito maravilhoso para você? Tudo começou quando o faraó do Egito mudou de nome para Akenaton. Que significa Ake-Na-Atom, ou seja, eu sou Atom, ou seja, eu sou ÁTOMO, átomo é Deus. Não existem outros Deuses. E mandou apagar todos os deuses inscritos nas pirâmides todas do Egito, criando uma poderosa onda que surgiu ali, no espaço-tempo e veio até aqui para rebentar na nossa cara sob a forma de palavras quânticas... E rebentou mesmo!

De tal modo que de seguida foi assassinado, esfaqueado setenta vezes por sete assassinos do parlamento. Mas não morreu..., porque ninguém morre. Mil anos depois, a mensagem foi recebida por Demócrito, um filósofo pré-socrático contemporâneo de

Sócrates que inventou o átomo, no ano 450 antes de cristo, 2400 anos antes de Max Planck nascer, o pai da física quântica. Claro que nada disto seria comprovado sem os holandeses terem inventado o microscópio no ano de 1590 com o contributo da família Janssen, pai e filho. Na altura de Demócrito e a escola dos atomistas, nem havia uma unica lente, como podem calcular...as pessoas mal tinham sandálias para vestir e já se pensava em átomo! Depois a onda atómica de Akenaton continuou, foi analisada por Einstein, descodificada por Stephen Hopkins, ensinada pelo professor Hélio Couto nos media e fluiu até as palavras mágicas que aqui se encontram, para finalmente ser conflagrada sob a forma de um novo livro chamado - a mecânica quântica do universo. Uma coisa é certa, se não fosse uma boa mensagem, assim importante e tal, não atravessava milhares de anos para chegar até aqui. Mesmo que para isso tenha passado pelas mãos dos americanos, que quase rebentaram com metade do planeta a brincar aos átomos com a fórmula de Einstein... não podemos colocar bombinhas nas mãos de crianças, não é? Cada pessoa adota uma posição neste mundo, é uma escolha individual. Talvez não possamos mandar na nossa carteira, mas podemos perfeitamente dirigir as nossas ações e escolhas. Porque tudo é uma escolha, estamos em mutação constante. Somos uma consciência cósmica que nasceu do erro. Não da perfeição, mas do erro, pois o erro é a forma primária constante em todas as formas de inteligência. Sem ele não haveria absolutamente nada, pois nada seria feito pela aprendizagem e evolução. Uma célula seria apenas uma célula, mais nada. Agora o primeiro erro é a tentativa, a experiência que surge da vontade de criar algo, um desejo, uma necessidade. Então a célula move-se, vibra, até se multiplicar. É quando começa o processo de mutação, agora ela já não é uma célula, mas duas. Depois ela vai crescendo mais e mais e a sua ambição cresce com ela. Ela terá de errar muitas vezes, até acertar uma só, como Thomas Edison fez com a lâmpada... Se ele já fosse perfeito, acertava logo à primeira... mas depois de ver a luz pela primeira vez, ele não errou nunca mais! O errante morreu, surge um novo homem e todo universo muda à sua volta.

Tempo e espaço

O tempo não existe, mas uma soma de frações espaço-tempo compostas pela nossa consciência universal. Cada fração representa um momento, um estado de espírito que pode ou não permanecer, criando assim uma nova realidade. A realidade é o momento, nesse momento existe um sentimento e isso forma a realidade individual de cada um. Não existe tempo, nem espaço, nem cima nem baixo, nem belo ou feio, é tudo um estado mental que criamos constantemente em conjunto com o que aceitamos acreditar. Logo, se acreditarmos que Deus não existe e a vida é um inferno, criamos essa realidade. Se resolvemos acreditar que esta ou aquela pessoa é maravilhosa, ela se torna a mais bela do mundo. A nossa volta, tudo muda e todos passam a acreditar no mesmo. Quando dizemos que a humanidade é fútil e interesseira, criamos essa realidade. Quando afirmamos exatamente o oposto, criamos romance, poesia e sentimento. Toda beleza é uma criação da ilusão em que resolvemos acreditar por autoiniciativa própria. Por isso os nossos filhos são sempre os mais belos, por isso os ex-maridos e ex-mulheres são a imagem da desilusão, o feio-oculto agora manifestado. Quando nós mudamos a nossa perspetiva, tudo muda à nossa volta. Por outro lado, e consequentemente, quando fazemos uma escolha maravilhosa, abraçando a beleza da vida em sintonia com o divino, tudo que nos rodeia passa a ser um eterno paraíso terrestre, à nossa volta. As pessoas olham para o relógio e acreditam nele, olham para o calendário e acreditam nele, por isso envelhecem, embora umas sempre se preservem mais novas e belas.

É a realidade que criamos, constantemente, com o nosso pensamento. Biocentrismo, a consciência como criadora do mundo que nos rodeia, parcela da supraconsciência cósmica que é o divino.

Platão

Quando Platão afirmou que vivíamos num mundo das ilusões, das sombras, e que a realidade estava do outro lado, ele sabia do que falava. O outro lado é a divindade, para chegar a ela, temos de a alcançar aqui, na terra, não depois de mortos, onde regressamos novamente à mesma terra. Quando Jesus disse para amar a Deus e ao próximo, é porque Deus é o próximo. Se você o amar, também será amado de volta. Depois será olhado com apreciação, ficará mais bonito e mais feliz, logo,

Deus irá sorrir, para si. Quando a vida não corre como pretendemos, entramos numa revolta interior que imediatamente se manifesta exteriormente. Ao entrar em conflito com o universo, o universo retribui da mesma moeda, o que está mal, passa a estar cada vez pior, como nunca vamos ganhar essa guerra, uns viram ateus, a vida simplesmente perde a lógica. Mas fazendo o oposto, aceitando a onda negra que por vezes passa, para todos de igual maneira, é só esperar que essa onda passe logo, nada é eterno senão o nosso sentimento constante. Se for bom, será algo de eternamente bom, se for ruim, será feio, mesmo. Por isso Cristo disse: "Se os teus olhos forem bons, tudo em ti será luz, a candeia co corpo são os olhos". Agora se você quiser aprender a manipular esse universo à sua volta, basta ouvir um pouco de Beethoven, a nona sinfonia não permite que ninguém se sinta infeliz. Alegria é o soro da vida, a luz divina, o belo. Com música no coração, não há intempéries que o perturbem. Ou, pelo menos, não durarão muito! O belo é a manifestação do divino, a única e real verdade, aquilo pelo qual estamos vivos, a felicidade.

Sectarismo

Não é importante saber se uma pessoa é católica, protestante, budista ou ateia. Isso são apenas referências, pontos de relação com o tipo de crença de cada um. Na realidade, todos os homens são iguais. As suas crenças são iguais, apenas alguns fatores mudam. A religião é uma forma de sectorização, separa as pessoas das outras religiões. O que importa é a sua relação interna com o todo. Um homem pode identificar-se como sendo ateu, pode não acreditar num Deus barbudo, vestido de branco que volta não volta cospe raios ditadores. Que aceita injustiças, mortes, violações. Isso não quer dizer que a pessoa não acredite em Deus, ela simplesmente não acredita naquela ideia ridícula de Deus. Mas Deus é o todo, não uma imagem projetada. Qualquer ateu o sente, dentro de si mesmo, todas as pessoas o sentem. Porque somos movidos segundo sua vontade. Se tivermos confusos, falta de conhecimento e capacidade de reflexão, naturalmente não vamos ter pilares para sustentar uma crença. Mas olhando para dentro de nós, todos o sentimos. Na realidade, todo homem tem um potencial divino por descobrir, algo que vem com o tempo. Eventualmente, a ostra abre-se e encontramos a maior pérola de todas. O "conhece-te a ti mesmo", de Sócrates. Temos uma inteligência extensa, muito superior ao que calculamos. Qualquer homem ou mulher com dez anos de vida já possui capacidades mentais absorvidas pela observação do exterior 24 horas por dia, formidáveis. Tudo aquilo que vemos fica registado no nosso subconsciente, acedendo a essa biblioteca, temos todos um supergenio interior, conhecedor de imensas propriedades e, melhor ainda, sabedor da verdade interior, a razão. Podemos aceder a ela sempre que quisermos, se entrarmos no estado Zen de conexão com a nossa célula divina, a partícula de Deus. Ela contém toda verdade, todas as respostas e uma luz que muitos preferem ignorar, porque desconhecem que existe. Essa luz é indicativa do que é bom e mau, do caminho certo e do errado, é a fonte que jorra eternamente para um propósito superior... o amor.

O Deus-homem

O que aconteceria se você de repente ganhasse o poder de ser um Deus-homem? A capacidade de criar tudo, simplesmente com as suas palavras? O que você faria, nesse caso, partindo do princípio que tudo que você dissesse, se materializava? Tanto as coisas boas, como as más, absolutamente tudo! Então, se você dissesse que queria muito um milhão de dólares, isso não iria acontecer, porque na verdade você não estaria a criar nada, mas a constatar um fato. Você podia implorar para ter sucesso, que não teria sucesso algum! Podia arrancar seus braços a trabalhar, vender um rim, ainda assim não iria conseguir nada.

Porque as suas palavras não eram de manifestação, mas de autopiedade. No entanto, dado momento em que você dissesse algo como – eu vou ser rico e famoso – isso de fato, acontecia. Se você dissesse – eu serei amado, respeitado e admirado – também acontecia, inevitavelmente. Porque você estaria a criar a sua realidade. Como já cria, o tempo todo, com cada palavra que sai pela sua boca, voluntaria ou involuntariamente. Porque nós já somos Deuses-homens, há muito tempo. Mas somos uns mini Deuses relativamente idiotas, e dizemos coisas como – não consigo, é impossível, gostava tanto...

Então, criamos constantemente novas realidades, pois parte de nós toda realidade manifestada à nossa volta, com o nosso pensamento cocriador constante. Cristo sabia disto, Max Planck, também, aliás, no fundo todos sabemos disto, mas estamos demasiado condicionados para acreditar em nós mesmos. Por isso vamos criando realidades medíocres à nossa volta, pelo nosso próprio poder imanente nas nossas palavras. Portanto, se é para falar, que falemos o tempo todo em oração, palavras positivas que irão, garantidamente, tornar-se uma nova e linda realidade.

Erro e evolução

Cada dia traz uma nova mensagem, uma lição constante no fluxo quântico da vida que nos determina. Morremos e renascemos a cada segundo, somos uma onda que vibra dentro da energia cósmica em expansão constante. De um estranho ponto de vista, somos a perfeição de um diamante que ainda não foi completamente lapidado. Experiências boas e más vão surgindo, criações sempre acompanhadas de algumas percas, uma luz na escuridão, o contraste periférico de tudo que imanamos e recebemos da natureza viva, perene.

Não adianta aborrecimento com os erros, eles são parte integral desta experiência terrena tão fabulosa. O homem move-se por paixão, a paixão procura a perfeição, mas tropeça muitas vezes, até a alcançar. O grande mérito está na alma do lutador, do perseverante, do que acredita e nunca para de acreditar. Essa fé irá levá-lo a encontrar todos os objetivos, a mal ou a bem, mais tarde ou mais cedo, não adianta querer acelerar o ritmo do universo. Ele sempre se expande, mas tem a sua velocidade. Abracemos o erro, ele sempre nos acompanha com o pretexto de indicar o caminho certo. Sem ele, andaríamos à deriva, como um barco perdido no mar. O importante é agradecer, aprender com cada falha, chegar ao final do dia e perguntar a si mesmo: - onde foi que eu errei?

Usar a técnica de Thomas Edison e encontrar a lâmpada ao final de 703 tentativas frustradas. Se ele tivesse desistido, ao final de 500 tentativas, porque era impossível, hoje não teríamos a lâmpada, a televisão e a energia como a conhecemos. Salvador Dali dizia que o erro tem sempre algo de sagrado, ele utilizava esse erro para a criação das mais belas obras. Mas nunca duvidou de si mesmo, essa é a regra número um, nunca duvidar, por mais difícil que seja o caminho, por mais tempo que possa demorar, existe sempre um oásis no final do deserto. E todos temos o direito a nos banhar nesse paraíso, enquanto buscarmos por ele. Ou podemos escolher desmoralizar, não serve de nada, não leva a lugar algum, mas dizem que é "chique" ser realista... numa realidade onde tudo é bem pesado e não há propriamente motivos para sorrir. Mais uma vez, é tudo uma questão de perspetiva, uns optam pelo oásis, outros ficam simplesmente sentados, no meio do nada. Querer, é poder. Se todos quisessem, todos o poderiam, certamente.

Ansiedade, a lua

Os momentos de ansiedade são perfeitos para parar e se permitir a um ponto de reflexão...

Relaxar é não fazer absolutamente nada, o que não é fácil, uma vez que o universo continua em constante movimento à sua volta. Isto emite uma energia que sentimos, como um íman humano. Mas se pensarmos bem, parados já fazemos muita coisa, porque pensamos. O pensamento é a força motriz de tudo, mesmo parados estamos sempre a uma velocidade orbital de 107.000 km/h, o equivalente a um avião a jato 100 vezes mais rápido que o convencional, dos mais rápidos. Quando olhamos para a lua, ali paradinha, sempre com a mesma face virada para nós, ela não está realmente parada. Na realidade, aquele pequeno objeto branco, não é pequeno, nem é branco. É bem maior que o continente americano e a sua areia é negra. Somente parece branco pelos reflexos da luz solar que viaja a 300.000kms por segundo, a velocidade máxima permitida por "lei", antes de começarmos a andar para trás, no tempo. Bem, a luz demora uns 8 segundos a atravessar o sistema solar, partindo do sol, até à lua. Depois, ainda demora mais um segundo a chegar à terra. Mas como a lua também se move a 1000 Km/s por segundo e o nosso pensamento cerca de 0,8 segundos a processar o que vemos, na verdade quando estamos a olhar para ela, ela já percorreu, no mínimo, 1800 km/s, no espaço. Tudo isto numa fração de tempo que passou mais rápido do que você demorou para ler esta linha. Isto quer dizer o quê, precisamente? Bem, se você tivesse um curso de astrofísica e outro de matemática, agarraria numa calculadora e facilmente descobria que, para o homem chegar à lua, teria de ter uma nave que andasse, pelo menos, à velocidade da mesma, ou seja, 3.600.000 km por hora. Ora, no ano de 1969, a 20 de julho, data em que supostamente Louis Armstrong colocou o seu pé na lua, a velocidade máxima conseguida até então, pelo homem, na Apolo 11, era de 39 mil km por hora. O que nem chega para alcançar a velocidade da própria terra, uma vez saindo do campo gravitacional terrestre. Sendo que, se o homem realmente saísse deste espaço, rapidamente veria a terra a se afastar dele, bem mais rápido que ele conseguiria alcançar, uma vez que a terra se move a 107.000 km por hora. E naquele tempo não existia GPS! O homem guiava-se ainda pelo sistema geocêntrico de Copérnico, guiando-se pelas estrelas. Ora, constatando isto, o que fazer, com o mundo inteiro a olhar para a televisão? Bem, nada como dar uma parada no polo sul, onde ninguém está lá para ver, e tirar umas quatro fotos bem desfocadas à noite. Depois, é só emitir uma mensagem bem gratificante, como um pequeno passo para o homem, um gigante passo para a humanidade. Hitler costumava dizer que as pessoas acreditavam mais depressa numa grande mentira do que em pequenas verdades. O que é certo é que, ao final destes anos todos, nunca mais repetiram a famosa expedição, nem tampouco montaram uma pequenina base lunar, um WC para emergências espaciais, ou um único sinalzinho a piscar, só para dizer – estivemos aqui. Não, nada disso. E porque não? Porque nunca ninguém lá foi, mesmo, a temperatura é inferior a 100 graus negativos e a radiação mataria até a barata mais resistente que já foi inventada. Mas não deixa de ser uma ideia quase brilhante...

Inicio dos tempos

Quando pensamos na lua, falamos de um planeta que surgiu 50 milhões de anos depois do surgimento da terra, aproximadamente há 4.510 mil milhões de anos atrás, a sua origem é desconhecida e especulatória. Durante esses milhões de anos, a terra não tinha lua, portanto as borboletas tinham que se contentar com o brilho das estrelas. O que aconteceria se o homem tivesse realmente conseguido colocar o seu pé, na lua, há quase 50 anos? Ora de lá para cá, as aeronaves já estão bem mais sofisticadas, a velocidade atingida pelo homem no espaço já chegou aos 250 mil Km por hora, quase dez vezes mais rápida que a antiga Apolo 11. Sabemos isto porque a sonda Juno, criada em 2012, encontra-se agora na órbita de Júpiter, ao fim de 5 anos no espaço sideral. Com apenas 3,5 metros de largura e nem sequer gasta combustível. Isto significa que hoje, para ir da terra até à lua, com tripulantes, a viajem demoraria 9 x menos tempo, se na altura demorou apenas três dias, hoje uma viajem à lua demoraria apenas 10 horas, menos tempo que ir de avião de Portugal para o Japão. Se o homem realmente tivesse ido à lua, não iria desperdiçar a hipótese de construir uma estação espacial lunar, não faltariam bilionários a querer comprar uma estância na lua, ainda mais com a possibilidade de uma terceira guerra mundial, com a crise dos misseis a ameaçar o planeta inteiro... A esta hora, Bill Gates já teria uma excelente mansão lunar, ao lado de Brad Pitt, Angelina Jolie e Cristiano Ronaldo. Todas as celebridades iriam querer aquela fabulosa vista para a terra, no lugar mais seguro do planeta, ou melhor, do Universo. Os terroristas não teriam como os afetar, ainda podiam monopolizar as viagens lunares à vontade, o comercio de diamantes lunares e toda experiência que os terráqueos iriam desfrutar num passeio até ao hotel moonlight, uma viajem do outro mundo. O mais provável era já haverem nascido toda uma nova raça de "semi-humanos", uma espécie de marcianos, mas que nasceram na lua, filhos das superestrelas mais belas, selecionadas a dedo para começar a povoar este planeta virgem. O próprio Stephen Hawkings, que pagou uma fortuna por uma simples experiência no espaço, somente para flutuar um pouco, certamente iria preferir acabar os seus dias na lua, enterrado lá, uma vez que as temperaturas baixas iriam deixar o corpo bem preservado, até anos mais tarde alguma espécie extraterrestre avançada o viesse a reanimar. Quem iria desperdiçar algo assim, se fosse possível? Eu próprio compraria uns hectares na lua, uma vez que estão a ser comercializados a apenas 20 dólares cada, pelo homem que se lembrou de registar a lua em seu nome, aproveitando uma lacuna da lei, que dizia que nenhum país poderia ser retentor da lua, mas não enfatizava que nenhum homem pudesse ser o seu dono. Isto fez com que Marcelo Bortoloti descobrisse o negócio do século, ou melhor, do milénio… parece até coisa de filme cómico, mas é a realidade. Agora imaginem como seria interessante, pagar umas centenas de dólares e ir pessoalmente à lua, tirar umas fotos, etc. Se o homem pudesse, ele iria lá, mas não pode. Como não pode ir a Marte, também. Mas pode enviar sondas, pequenas mininaves não tripuladas, essas não se importam com a radiação, nem com o frio absurdo, nem com os campos gravitacionais. Tiram fotografias e fazem vídeos, e é o que temos, por enquanto.

As 3 pirâmides sagradas

Sabemos que a terra existe há 4,56 mil milhões de anos, também sabemos que, segundo o Arcebispo Irlandês James Ussher, o homem existe na terra desde o ano 4004 a.C., segundo o calendário Juliano. Somente depois dessa data surge Moisés, anos depois do aparecimento do primeiro faraó no Egito, Menés. A história bate certo, a bota com a perdigota, tanto em termos bíblicos, como na filosofia em geral. Mas ainda continuam a existir algumas dúvidas, por exemplo, os Maias, o povo mais antigo do mundo, de onde veio? O porquê das escrituras maias, que subentendem a existência de extraterrestres, uma vez que naquela altura, não haviam filmes de ficção científica? E como é possível que as três pirâmides do Egito, o povo mais antigo do mundo, supostamente, estejam exatamente alinhadas com a constelação de Oríon? Naquele tempo, Copérnico ainda não havia nascido, nem Ptolomeu, tampouco, nem sequer Aristóteles, o sábio que desenhou pela primeira vez o sistema geocêntrico das estrelas. Essas pirâmides foram construídas três mil anos antes do nascimento de Aristóteles. Portanto, se a terra já existia há quase 5 biliões de anos, durante esse tempo todo alguma coisa deve ter acontecido, nada nasce do nada. Que explicação é dada para os chineses, um dos povos mais antigos de todos, serem tão diferentes dos Egípcios, e dos Maias? Imaginemos, por instantes, que a terra não é o único planeta vivo, com seres inteligentes. Imaginemos que Deus, ou o todo, não criou biliões de galáxias, apenas para colocar homenzinhos num único planeta, insignificante... Isto possibilitaria a existência de outras raças, noutros planetas! Essas raças, poderiam ser todas mais ou menos semelhantes, mas com diferenças. Porque pertenciam a planetas diferentes. Não existe realmente uma única razão, tudo que sabemos obedece a pura lógica, mais nada. Se o homem tivesse surgido assim à toa, na terra, por obra e graça do espírito santo, não iria aparecer em quatro zonas diferentes do planeta, com aspetos completamente diferentes. Embora isso fosse uma possibilidade. Outra possibilidade é a terra ter sido povoada por seres de outros planetas, criminosos de guerra condenados a isolamento, uma vez que os seres mais avançados do mundo, não iam matar os seus semelhantes. Eles iriam sim, pegar em alguns desses criminosos, e soltá-los num planeta habitável, mas sem nada que os confortasse. Uma vez descobrindo um planeta pequeno, mas suficiente, eles colocariam os chineses numa ponta desse planeta, os Maias noutra ponta, os Africanos no meio e as tribos aborígenes Australianas, do outro lado. A mistura desses seres interplanetários seria supervisionada externamente e daria origem à humanidade. Se pensarmos bem, é uma teoria compatível com a gênesis, os "expulsos do paraíso", partindo do princípio que o paraíso fossem planetas muito mais avançados do que o nosso, onde não haveria guerra, nem pecado, nem crimes hediondos. Uma vez largados aqui, rapidamente morreriam por escassez, habituados aos luxos de uma outra realidade, mas seus filhos já nasceriam terráqueos. Seriam os filhos dos condenados e teriam de começar tudo do zero. As pirâmides do Egito seriam construídas na altura, pelos seres superiores, os super-humanos, uma cultura milhões de anos mais avançada do que a nossa, como prova que havia algo mais do que apenas esta terra. E logo iria surgir o primeiro faraó, aquele que iria reinar por entre os homens bárbaros, ainda antes do nascimento de Akenaton, pai de Tutankamon e marido de Nefertiti. Toda nossa história provém dai, essa é a razão do nosso depuramento constante e a possibilidade que nos vai levar à nossa morada celestial, o cosmos.

Egito extraterrestre

Quando falamos de pirâmides no Egito, falamos de construções em blocos de pedra que chegavam a pesar 80 toneladas, cada bloco. A construção de uma das três grandes pirâmides principais (porque existem centenas delas), a pirâmide Quéops, data do ano 2250 a.C., tem blocos erguidos à altura de 147 metros, mais 50 metros que a altura da estátua da liberdade, inaugurada em 1886 em Nova Iorque. Essa estátua demorou 11 anos a ser construída, com a ajuda de andaimes modernos e gruas gigantescas, a mais alta tecnologia, ainda assim, foi uma proeza!

Como seria possível a construção destas pirâmides, com blocos de 80 toneladas cada um, no meio do deserto, apenas com empurrões de alguns trogloditas? Como fariam para depurar cada milímetro de rocha, dilapidados ao pormenor, sem erro? Muitas mais questões são colocadas, mas sem dúvida que parece muito mais lógico que essas pirâmides tivessem sido criadas por seres com elevadíssima tecnologia. Ou naquele tempo os homens tinham muito mais força, superpoderes, mesmo! Cada um conseguia levantar uma tonelada, facilmente, então juntavam 80 homens e levantavam um único bloco. Ao final de um ano, a pirâmide estava construída... com a ajuda de um génio da astrofísica, apontando as três pirâmides (Quéops, Quéfren e Miquerinos) alinhadas na perfeição com o cinturão de Órion, embora não tivessem um telescópio, uma vez que o Holandês Hans Lippershey só inventou este brinquedo ocular no ano 1608 depois de Cristo. Então, além de superforça, os Egípcios teriam de ter também uma supervisão, como o super-homem... Se isto parece razoável, tudo bem!

Pirâmide de Gizé

Agora vamos dar uma olhada numa outra pirâmide, a Grande Pirâmide de Gizé, no Egito, datada do ano 2570 a.C. No ano passado, 2017, foi descoberta uma camera secreta que continha um trono de ferro feito de material alienígena, de acordo com o especialista italiano Giulio Magli, professor de arqueoastronomia na Universidade Politécnica de Milão. O cientista afirma que o trono talvez tivesse cumprido a função de "transporte" para a vida após a morte. "Há uma possível interpretação, que está bem de acordo com o que sabemos sobre religião funerária egípcia, tal como se vê nos Textos das Pirâmides. Os textos dizem que o faraó, antes de chegar às estrelas do Norte, terá que passar as portas do céu e se sentar em seu trono de ferro". Agora fica a pergunta, será que o faraó já sabia das suas origens extraterrestres?

Sabemos que o trono foi construído com o uso de raro ferro caído do céu sob a forma de meteoritos de ferro (distinguível devido à alta percentagem de níquel) e que esse material já havia sido utilizado para desenhar dispositivos diferentes, em particular a famosa adaga de Tutankamon, fabricada há mais de 3,3 mil anos. Logo, existe uma ligação implícita entre estas criações e algo que veio do espaço, não há dúvida nenhuma. O mais provável é que o próprio faraó já tivesse instrução e comunicação para com os nossos irmãos extraterrestres, ele não iria mandar esconder uma camara secreta com um trono especifico para o seu teletransporte numa época em que nunca ninguém havia ouvido falar em naves espaciais, mundos paralelos e seres invisíveis, isso só surgiu cinco mil anos depois, com as primeiras ideias de ficção cientifica. Mas será que antes não houve aparições? Se fomos colocados aqui como prisioneiros, naturalmente seriamos supervisionados. Experiências seriam feitas, simplesmente as pessoas não saberiam como interpretar uma visão de um homem exatamente como nós, mas com roupas do espaço que emitiam luzes. Maria, mãe de Jesus, disse que um anjo veio do céu e a engravidou. Muito provavelmente ela foi inseminada artificialmente por um astronauta, alguém que colocou Jesus no seu ventre e ainda a avisou para não se preocupar, pois iria ser mãe de uma criança santa. Maria viu as luzes no céu, sentiu que tinha sido incubada e fez uma associação mental. Depois Cristo, ser milenar de inteligência superior, instruiu-nos da melhor forma que pode e ainda morreu crucificado, por ignorância das pessoas, que ficavam assustadas com tanta sabedoria. Quem leu a bíblia sabe que no final, quando Jesus morre, ouve-se uns trovões do céu e algo inexplicável acontece. Só não fomos imediatamente dizimados por um lazer extraterrestre porque Jesus comunicou com a nave mãe e pediu – pai, perdoa-lhes, não sabem o que fazem. Esse perdão abriu as portas ao cristianismo, o humano arrependeu-se e começou a seguir a doutrina de amar ao próximo e a Deus acima de todas as coisas. Deus o bem, o universo, o todo, o cosmos, a terra, o átomo, Atom, como afirmava Akenaton, o faraó que mandou apagar todas as inscrições de outros deuses, que não o uno.

Deuses do espaço

Dom Fernando Pugliese, bispo da Igreja Católica Apostólica Brasileira, afirmou acreditar na origem extraterrena de Cristo e aceitava a tese do escritor Erich von Däniken que dizia que as divindades vieram do espaço. As lideranças religiosas esconderiam a verdade para não destruir as religiões da Terra. Porque toda Igreja é fundamentada em Dogmas, ou seja, verdades incontestáveis. É assim, e pronto, não há mais perguntas, nem explicações. Deus é soberano e Jesus o seu filho, acabou a conversa, ou será excomungado. Mas se todos fomos plantados aqui, mesmo que de origem "divina", ou estrelar, se fomos expulsos do paraíso e condenados a ignorância na terra, porque viemos de fora, porque Jesus não podia, também ele, vir de um planeta distante? Ele próprio deixou referencias, dizendo: "O que está encima, é igual ao que está embaixo" e "muitas são as moradas de meu pai", apontando claramente para vários planetas. Ele não poderia ser mais claro, obviamente! Naquela altura, ele já estaria a ser bem explícito. Jesus não poderia ser menos santo, extraterrestre ou não, a sua existência seria sempre divina, como a de todos nós, quando alcançarmos as estrelas, a capacidade de criar com o nosso próprio pensamento positivo. Se Deus olhava por Jesus? Claramente que sim, Deus e mais umas quantas centenas de naves a orbitar a terra o tempo todo. O universo está em expansão, o homem viu na descoberta de Doppler que as estrelas todas se afastavam e concluiu, obviamente, que tudo tinha tido uma origem "aqui", num Big Bang inicial, uma ideia perfeitamente egocêntrica, tipicamente humana. Se as estrelas vão todas para lá, só podem ter partido daqui! A teoria do Big Bang é absurda, é apenas mais uma explicação fundamentada no homem como centro do universo. Quem disse que o universo começou num ponto? Porque o universo não pode ser perene, existindo em vários pontos diferentes, todos eles em expansão? Se criarmos a premissa da existência de um ponto de eclosão, de onde saiu tudo, teria de haver algo antes desse ponto, nada se forma do nada. A inteligência reina em todas as partes do cosmos e essa inteligência é o pensamento, o bom pensamento, unido ao amor mais puro que é gerador de luz viva, luz essa que dá origem à vida, como o sol deu origem a todas as formas viventes e essa luz, é Deus.

Os super-humanos

O problema dos Dogmas é que tentam sempre impor a sua exclusividade. Se Darwin diz que o homem veio do macaco, não permite que também tenha vido de Deus. Só pode vir do macaco, da evolução das espécies. Como ele estudou aquele assunto e mais nenhum, só aquele assunto importa. No entanto, se ele tivesse estudado também teologia, filosofia, cosmogonia e astrofísica, mais mecânica quântica, talvez não impusesse que o homem só veio do macaco, que por sua vez veio da evolução das espécies, partindo da primeira célula. Como a igreja só estuda teologia, de uma forma dogmática, não permite a aquisição de mais conhecimentos, é aquilo, e pronto. Quando Galileu Galilei mencionou que o sol não gira à volta da terra, mas o oposto, já se estava a impor à igreja. Porque estava a usar o pensamento. Por isso o Papa o condenou a ficar exilado em casa, onde acabou por morrer, anos mais tarde. O ceticismo afasta todas as possibilidades inteligentes. Criam-se sectores, logo, se a pessoa é católica, não pode ser protestante, não pode ser espírita, nem cientista, só pode ser católica. Porque a igreja o proíbe, não Deus, Deus não proíbe nada, nem Jesus, que defendia o amor ao próximo, não o sectarismo. Porque uma pessoa não pode ser um cientista, um católico, um protestante, espírita e budista? Alguma vez o espiritismo falou mal de Jesus? Nunca, muito pelo contrário. Alguma vez Buda falou mal de Jesus? Bem, não poderia, Buda nasceu 450 anos antes de Jesus, mas nunca falou mal de Deus, muito pelo contrário, respondia claramente que sim, existe um Deus. Agora onde isso impede a nossa origem extraterrestre? Que diferença faz, se um homem nasce na terra, ou na lua? Se daqui por 100 anos nós já tivermos colonizado a lua, e nascer ali um monte de humanos, não serão humanos? Na pior das hipóteses, podem ser super-humanos, uma vez descendentes de uma raça bem apurada.

Formado em filosofia pela Universidade Gregoriana de Roma, Dom Pugliese lia mensagens ocultas na Bíblia e tem a sua própria interpretação para os ensinamentos cristãos. A estrela de Belém, devia ser uma nave espacial, porque se movia de forma inteligente, acompanhando a viagem dos Reis Magos até a manjedoura de Jesus. A aparição da Virgem Maria na cidade de Fátima, em Portugal, seria uma manifestação ufológica, um androide controlado em forma feminina. Dom Pugliese afirma que os anjos e arcanjos, assim como Jesus Cristo, têm origem extraterrestre. Segundo ele, as referências à vida extraterrestre estão no Antigo e no Novo Testamento, em mensagens cifradas. Outros acreditam que o maior símbolo do cristianismo tem algo a ver com os aliens. Se não, como explicar os milagres de curar doentes, multiplicar pães e peixes ou transformar água em vinho? Entre os crédulos está o francês Raël, fundador do Movimento Raeliano e autor do livro *Extraterrestres Levaram-me ao seu Planeta*. Raël declarou em 1975 que se encontrou com Jesus, Buda, Moisés e Maomé no mundo de Elohim, o ser supremo. Enfatizando que todos os profetas que viveram à Terra foram enviados por Elohim. Logo, Cristo era um extraterrestre.

Felizmente, o filho de Deus foi clonado pelos alienígenas, que pegaram o DNA divino ainda na cruz. Assim estariam explicados os raios e tremores testemunhados na época, logo depois da morte de Cristo. Graças à clonagem, resultado de uma tecnologia de 25 mil anos, Jesus vive até hoje em outra galáxia, para mais tarde regressar. Estas ideias podem parecer descabidas, mas talvez não tanto assim. Temos de lembrar da multiplicação dos pães, que caíram do céu milagrosamente.... Ora, hoje em dia, nós próprios conseguíamos repetir esse ato, convencendo uma tribo aborígene que somos uma espécie de Deuses. E de certo modo, somos, para eles. Bastaria colocar um de nós a simular que invocava pão aos céus, e de seguida enviar uma quantidade imensa de pães, com um drone ou um helicóptero. O que são os anjos, para nós, senão seres altamente avançados? Vamos colocar a questão de uma outra forma:

Imaginemos que daqui por 20 anos, descobrimos um planeta muito semelhante ao nosso, habitado por uma espécie de humanos. Com uma boa aparência, mas absolutamente atrasados no tempo, ainda mal haviam inventado o fogo. Comunicavam-se num dialeto estranho, com grunhidos e gritos, como macacos. No entanto, eram inteligentes. Mas também eram inocentes e bárbaros, não tinham regras e faziam amor com as filhas e primos. Tinham um ADN igual ao nosso, muito semelhante, mas agiam como animais. A única forma de os ajudar a evoluir, seria tentar comunicar, sem os assustar com as nossas naves. O mais provável seria enviarmos alguém para os tentar instruir, minimamente. Esse alguém, para eles, seria como um Deus. Mas não seria Deus, realmente. Esse alguém teria de ser um homem mesmo inteligente, com muita psicologia e capacidade de expressão. Como não iria conseguir ensinar as nossas regras, o bem e o mal, usaria de parábolas, para que melhor compreendessem as mensagens. Então, daria exemplos dos grãos de trigo, da figueira que não dá frutos, falaria na beleza dos lírios do campo e sabe-se lá mais o quê, para eles compreenderem que tinham de ser civilizados e amar-se uns aos outros. Que é, basicamente, a nossa instrução divina estrelar. Também ensinaríamos a perdoar ao próximo, a não julgar, a atirar a primeira pedra quem nunca pecou. Isso, para nós, seria o básico da natureza humana, mas para eles, seria a divindade. Pois demorariam dois ou três mil anos a decifrar essas mensagens, e muitos nem as seguiriam, tal como hoje tantos agem como ateus, a proveito próprio, questionando todas as crenças. Mas a mensagem seria deixada. Só que, por motivos imprevistos, a dada altura, os animais do planeta nova terra, resolviam matar o nosso mensageiro... O que faríamos, de imediato? Iriamos busca-lo, enquanto fosse tempo para o reanimar, ainda que já morto. Com alta tecnologia curaríamos suas feridas, faríamos um transplante, se necessário, mas não o deixávamos morrer. Para de seguida o enviarmos de volta, provando que o nosso "pai" era todo poderoso e sobrevivia até à própria morte, mostrando as feridas causadas por eles, já cicatrizadas. Como não podíamos ficar ali uma eternidade a ensiná-los, seguíamos viagem, mas mantínhamos um contato à distância, através de sinais de rádio e esporádicas aparições.

Se o planeta fosse muito grande, talvez tivéssemos que enviar vários profetas, ou professores, como foi Buda, Tao, Cristo e Maomé. Também poderíamos escolher alguns desses novos-humanos, dos mais astutos, para servirem de inspiração aos outros. Durante a noite, enviaríamos um sinal numa determinada frequência de rádio, ou podíamos raptá-lo, hipnotiza-lo e enviá-lo de volta com um monte de informação na cabeça, seria uma espécie de Einstein e revolucionaria o mundo com suas ideias e escritos. Isto seria uma ótima explicação das estranhas habilidades artísticas que algumas pessoas revelaram, como Leonardo da Vinci, Salvador Dali, até mesmo o psiquismo de Francisco Cândido Xavier. Ele dizia que tinha um espírito chamado André Luís que o instruía, quem sabe não era um extraterrestre? É assim tão improvável? A inteligência tem de vir de algum lado, não tem? E quem sabe estas palavras não são já um tipo de aviso enviado por eles, por ondas alfa mentais, para que nos vamos preparando para uma nova e espantosa visita extraterrestre?

Os Cosmohumanos

Se fizermos uma retrospeção, veremos que antes de existir o que chamamos de – humanidade – já existia uma humanidade cósmica, seres de um planeta distante, muitíssimo avançado, a que damos o nome de paraíso. No paraíso, nem tudo seria realmente perfeito, mas seria perfeito comparado com a nossa perceção atual de realidade. Dentro desta nossa realidade, ainda há países do 4º mundo, localizados em zonas absolutamente inabitáveis, em áfrica, na Mongólia, Etiópia, Austrália, etc. Onde não há água potável, as crianças crescem sem medicamentos nem comida, alimentando-se de vermes e contraindo doenças logo que nascem, passado fome, frio, sede, calor. Morrendo assim, como cães abandonados, essas pessoas vivem numa outra realidade. Elas nem pensam em qualquer tipo de luxo, um pouco de comida já seria o bastante. E geralmente ao redor desses países ainda há guerra, carnificina, porque são liderados por ditadores sem instrução. Claro que falamos daquelas aldeias africanas, onde não há lei nem respeito pelos direitos humanos. A instrução ainda não chegou ali, infelizmente. Voltando para a nossa origem cósmica, a nossa outra cidade mãe, de onde já existíamos antes de chegar à terra, alcançou um nivel de expansão milenar. As naves já atingiam a velocidade da luz, viajavam pelas galáxias e conheciam centenas de planetas habitados por – cosmohumanos. Em cada planeta, descobriram sub-raças de humanoides, uns eram negros, moravam num planeta ardente, de elevada radiação e tinham a pele mais macia e elástica. Eram mais resistentes ao calor, mas também morriam mais cedo. Noutro planeta, de temperatura húmida, os habitantes apesar da aparência humanoide, tinham uma tonalidade amarelada, eram pequenos de estatura, inteligentes e reproduziam-se imenso. Havia uma diferença no formato dos olhos, como que inseridos dentro da carne na cara, possivelmente uma adaptação ao clima extremamente húmido e pesado. Consoante os nossos pais cósmicos iam viajando, iam conhecendo novas culturas, novos humanoides, mas todos eles tinham uma fraqueza qualquer. O que os levava a uma morte antecipada, por doença, osteoporose, fragilidades, insuficiência cardíaca, etc. Então, os engenheiros biólogos concluíram que a melhor forma de apurar estas raças, seria combiná-las num único ADN, assim uns iriam adquirir as defesas dos outros, criando uma super-raça nova, mais robusta, que aguentasse tanto o frio, como o calor, como a humidade. Mas para fazer esta mescla, seria preciso isolar todas as raças num só planeta. Se as juntassem próximas umas das outras, as suas diferenças iriam gerar uma disputa imediata, matar-se-iam pelo poder. Então, os nossos pais galácticos, resolveram colocar os chineses numa ponta da ásia, os negros no meio de áfrica, os vermelhos ou Maias, do outro lado do mundo, na América Central. Assim eles teriam muitos anos para se reproduzirem e, mais tarde, conhecer uns aos outros, apesar das diferenças enormes. Com o tempo, até iriam acasalar uns com os outros, seria inevitável, mas também seria inevitável a manipulação de uns, pelos outros, uma vez que algumas raças já eram mais avançadas milhares de anos em relação as outras. Como seria feita a escolha dos candidatos? Uma vez que cada planeta tinha as suas leis e essas leis eram diferentes, muitos matavam os transgressores e isso era um crime aos olhos da entidade suprema. Foi feito um acordo entre planetas, um acordo intergaláctico e ficou estabelecido que os prisioneiros mais os condenados à morte, por crimes diversos, seriam levados para um planeta-virgem que serviria de prisão. Não teriam o mínimo conforto e teriam mesmo de se esforçar para sobreviver, lutando contra as bestas, as feras, o frio e a fome. Teriam de agir como animais. Assim a terra foi povoada pela primeira vez, por aqueles que foram, literalmente, expulsos de sua terra-mãe. Somente anos depois os galácticos voltariam a comunicar com esta nova raça que agora viria a nascer, a que chamamos de – humanos.

Mensagens de Oríon

Um criminoso não é mais nem menos que alguém para quem a vida deturpou, alguém que não aprendeu a lição do universo. Um criminoso é alguém igual a nós, uma criança. Nenhum homem é diferente, somos todos filhos do mesmo pai, o todo. A história do universo está incrustada nos registos Akáshicos do tempo. Tempo que existe somente na nossa perceção de tempo, como tudo mais, pura ilusão. Mas como todas as ilusões, é real. Como o amor, é real, como Deus, é real.

Como toda fantasia, a esperança e o sonho. Tudo realidades subjetivas em constante recriação num multiverso infinito de consciências agregadas ao eu supremo. Um homem é o pensamento de todos os outros, como formigas, em sincronicidade.

Funcionamos num estado de onda, como as ondas de rádio, como as ondas do mar, uma onda constante de pensamento que cresce, brilha, expande-se pelo universo. Dessa onda nasce aquilo a que chamamos de realidade, nos momentos bons, é maravilhosa e quente, nos momentos maus, é negra e sombria. Como uma melodia, sobe, desce, apaga-se e volta a reacender numa única chama, a vida.

Não é difícil de compreender a mecânica quântica, no fundo, tudo é partícula e essa partícula é Deus. Deus, a força edificante que também destrói.

As três pirâmides sagradas do Egito recebem toda informação emitida pelo cinturão de Oríon, uma constelação inteligente que funciona como um canal emissor universal cósmico. Daí veem todas as mensagens, a inteligência, o equilíbrio e a paz. Numa sequencia lógica e perfeita. A mensagem diz que não existe bem, nem mal, mas equilíbrio. O que chamamos de bem, é o que nos agrada, o que consideramos errado, o que nos desagrada. Mas tudo existe numa sintonia perfeita. O universo não tem falhas, a nossa interpretação pode falhar. Na mente humana, esse equilíbrio universal é o caos. Porque temos de atender aos nossos caprichos. Não aceitando o que já é perfeito. Para uns nascerem, outros precisam morrer. Quando uns ganham, outros têm de perder. Essa é a regra. Somente o individuo importa, na sua essência. A mensagem diz o que Sócrates repetia – "Conhece-te a ti mesmo".

Aí se encontram todas as respostas, na partícula de Deus, lá bem no intimo do ser, o que sentimos. Se sentirmos o correto, estamos bem, em sincronicidade com tudo. Quando entramos em estado de silencio, encontramos a paz.

Porque no silencio ouvimos a mensagem, todos o fazemos, se quisermos, quando quisermos. É quando encontramos o entendimento. Não perante o ruido da rua, dos carros, dos outros. Mas perante o silencio, que é a fonte da sabedoria mais profunda: a paz divina.

Inevitabilidade

Como interpretamos o fluxo da vida? Impacientemente, com julgo, ego. Se nos mantivermos num prisma externo, perspetivando de fora, tudo é diferente: num hospital, encontram-se 5 pessoas a morrer; um homem com 60 anos a precisar de um transplante cardíaco urgente, a família chora, reza, aguarda; uma mulher com 56 anos a precisar de um rim, o marido está em pânico, os filhos também; outras três crianças a necessitar de um transplante urgente de medula óssea, vários familiares em sofrimento, o universo ouve, atende. Surge, à última da hora, um corpo perfeito de um jovem que perdeu a sua cabeça num acidente de moto. É um desconhecido, foi um acaso, o corpo é saudável, mas ele está morto, seus órgãos internos são retirados e salvam a vida daquelas cinco pessoas. É um milagre, é o bem, para aquelas famílias, é Deus!

Mas e para a mãe do jovem que morreu? Nesse caso, teremos de ser objetivos, entra na estatística, todos os dias morrem cerca de 150 000 pessoas, muitas delas em acidentes. Mas para a mãe do rapaz, a vida acabou! A ela, ninguém vai conseguir explicar nada, nada. Porque não tem nexo, mesmo! Não tem nexo, quando sofremos, não tem nexo quando tentamos compreender, porque nunca vamos conseguir aceitar que nos tirem o que é nosso! Mas o universo está lá... De alguma forma, tudo vai continuar a girar, sem bem e sem mal, apenas porque tem de girar, a compreensão está na simples aceitação de tudo. Não aceitar é revidar, é querer remar contra uma grande maré, que nunca se cansa. Tudo é perfeito, enquanto sentirmos que é perfeito, enquanto o casamento durar, enquanto houver sexo, amor, ilusão. Quando acaba, logo surgem as dúvidas, as perguntas infinitas... porque acabou! Na realidade, não acabou nada, porque nunca existiu, a única coisa que existiu, foi o fluxo! Esse sim, é real, como todas as ondas, existem, enquanto não se desfazem em canemas na areia da praia. A realidade é uma onda do mar salgada, que por vezes sabe a doce, porque assim a sentimos. A realidade é o sentimento, nada mais. Se esse sentimento for de aceitação com a nossa própria existência, não precisamos de mais nada, já temos um universo.

A civilização Asteca

No século XV, a civilização Asteca, que controlava todo centro do méxico, como um império, costumava fazer sacrifícios humanos em larga escala, em particular ao Deus da guerra, Huitzilopochtli. O império asteca era formado por uma organização complexa que os sobrepôs militarmente a diversos povos e comunidades na Mesoamérica. Eles acreditavam que sangue humano era necessário ao sol, como alimento, para que o astro pudesse nascer a cada dia. Sacrifícios humanos eram realizados em grande escala; algumas centenas em um dia só não era incomum. Os corações eram arrancados de vítimas vivas, e levantados ao céu em honra aos deuses. Os sacrifícios eram conduzidos do alto de pirâmides para estar perto dos deuses e o sangue escorria pelos degraus. As orações e os rituais, apesar de serem uma carnificina, funcionavam perfeitamente, porque Deus ouvia suas preces. Deus é o sol vivo. Mas Deus também é a lua. E Marte, e o cosmos, as estrelas e o átomo. Deus é a consciência vivente inteligente que subsiste em todos nós. Como os Aztecas acreditavam que a sua força vinha do Deus sol, ela vinha do Deus-sol. Se eles acreditassem que seu poder provinha da banana mágica do planeta amarelo, essa energia vinha dai. Tudo é a realidade que nós acreditamos que seja, a isso chamamos de – Biocentrismo – a consciência como criadora do universo. É uma boa coisa, se soubermos dar o seu divino uso. Podemos ter poder sobre todas as coisas, mas primeiro temos de ter poder sobre nós próprios, e o que acreditamos ser capazes de criar.

Karl Marx e Hitler

De que medida as nossas crenças podem afetar a nossa vida? Karl Marx foi um filósofo, sociólogo, jornalista e revolucionário socialista nascido na Rússia. Karl Marx era um revolucionário, um comunista com ideais de conceção materialista que considerava que toda revolução é necessariamente violenta, ainda que isso dependa, em maior ou menor grau, da constrição ou abertura do Estado. Marx ativamente argumentava que a classe trabalhadora deveria realizar uma ação revolucionária organizada para derrubar o capitalismo e provocar mudanças socioeconómicas. Ele era contra todo tipo de religião, era conta o Cristianismo, conta o estado, contra o capitalismo, totalmente racista e antissemita. Também era contra os homens e a favor das mulheres e animais. Era contra as classes sociais e vivia para a revolução e contestação do proletariado. Como os franceses não estavam para o aturar, foi exilado e teve de se mudar para Inglaterra, onde continuou com os seus manifestos comunistas extremistas. Na sua realidade, todos os poderosos eram "maus". Todas as classes superiores eram inferiores e, basicamente, o mundo estava virado ao contrário, somente o mestiço era correto, porque não tinha uma classe. Estes ideais comunistas não foram absolutamente aceites, mas conseguiram influenciar em escala a humanidade, porque Marx escreveu, e acreditou. Se compararmos Karl Marx com Adolf Hitler, diríamos que encontramos o oposto, Hitler usava os textos Marxistas como crítica à praga que eram os judeus. Ele considerava o Marxismo uma doutrina de destruição, uma vez que era o oposto dos seus ideais Nazis. Que defendem a raça suprema em absoluto. Atentando contra as sub-raças. A crença de Hitler gerou o Holocausto, o genocídio ou assassinato em massa de cerca de seis milhões de judeus durante a Segunda Guerra Mundial. Um programa sistemático de extermínio étnico patrocinado pelo Estado nazista, liderado por Adolf Hitler e pelo Partido Nazista e que ocorreu em todo o Terceiro Reich e nos territórios ocupados pelos alemães durante a guerra. Porque, para Hitler, a "limpeza" era necessária. Essa era a sua realidade, aquilo em que Hitler acreditava. Tal como Karl Marx, Hitler queria mudar o mundo, e conseguiu, em parte. Entre as principais vítimas não judias do genocídio estão ciganos, poloneses, comunistas, homossexuais, prisioneiros soviéticos, Testemunhas de Jeová e deficientes físicos e mentais. A nossa realidade, é a realidade. Se criarmos um ódio, estamos a fomentar um animal que existe, é real. Se, por outro lado, semearmos amor, estaremos a alimentar um outro tipo de elemento, que também se multiplica. Para Hitler, matar Judeus não era um crime, mas uma boa ação. Para Karl Marx, colocar os escravos do mundo no poder e acabar com o governo, era uma boa ação. Para os Aztecas, cortar umas quantas cabeças em nome do Deus-sol, era uma boa ação. Porque acreditavam.

Para Jesus Cristo, amar ao próximo era uma boa ação, essa era a sua realidade. Portanto, o bom, e o mau, é o que construímos, à nossa volta, o tempo todo. Seja um cocriador de si mesmo, só essa é a verdadeira realidade.

Guerra e paz

Os poetas são cocriadores da paz. Pablo Neruda dizia que os poetas odeiam o ódio e fazem guerra à guerra. Buda dizia que ter ódio é como segurar um carvão em brasa com a intenção de atirá-lo em alguém; é você que se queima. É a própria mente de um homem, e não seu inimigo ou adversário, que o seduz para caminhos maléficos. Jamais, em todo o mundo, o ódio acabou com o ódio; o que acaba com o ódio é o amor. O que somos é consequência do que pensamos. Só há um tempo em que é fundamental despertar. Esse tempo é agora. Um homem só é nobre quando consegue sentir piedade por todas as criaturas. Pratiquem a bondade, não criem sofrimento, dirijam a própria mente. Esta é a essência do Budismo.

Fernando Pessoa acreditava que nunca amamos ninguém. Amamos, tão-somente, a ideia que fazemos de alguém. É a um conceito nosso - em suma, é a nós mesmos - que amamos. Isso é verdade em toda a escala do amor. No amor sexual buscamos um prazer nosso dado por intermédio de um corpo estranho. No amor diferente do sexual, buscamos um prazer nosso dado por intermédio de uma ideia nossa. Platão considerava que só pelo amor o homem se realiza plenamente. De fato, o amor e o ódio, são ambos extremos da mesma força. Cabe a cada qual escolher o lado em que segura. Quem ama extremamente, deixa de viver em si e vive no que ama. Somos a soma dos nossos pensamentos, eles criam a nossa realidade, e moldam o nosso sentir, em coligação com o divino. Para quem optar por acreditar nele e assim, viver nessa realidade.

Morte e eternidade

Quando falamos de morte, associamos a uma passagem. Uma passagem para o lado espiritual. Esse lado espiritual é, obviamente, onde predominam os espíritos. Mas o que são espíritos, se não algo extraterrestre? Quando as pessoas pararem para pensar, afastarem os dogmas, os preconceitos, as imposições ridículas da igreja e também dos céticos com visão cientista, talvez consigam compreender o que é espiritismo, e o que é um ser extraterrestre. Allan Kardec estabeleceu a doutrina espirita, fundamentada na análise profunda dos estudos mediúnicos. Um médium é alguém com a capacidade de ouvir a frequência emitida pelo cinturão de Órion, a constelação que comunica connosco através das três pirâmides sagradas, que funcionam como um recetor, na terra. Jesus Cristo ensinou-nos a orar, a falar com Deus, terminando a oração com as palavras – em nome do pai, do filho, e do espirito-santo.

O pai é Deus, o cosmos, o filho é o homem, nós, o espirito-santo é a passagem entre o homem, e Deus. O espirito santo é o extraterrestre, uma evolução cósmica do homem. Ele já passou pela experiência terrena e tornou-se santo. Ou professor, um ser mais avançado, espiritualmente, como Jesus. Com base na teoria de Darwin, e na evolução das espécies, está implícito que todos nós já fomos um macaco, um cão, um peixe e antes disso, uma célula. Todo este processo levou a nossa inteligência, ou espírito (que é um princípio inteligente) a evoluir até o grau de humanidade. É tão fácil para nós compreendermos a inteligência extraterrestre, a sabedoria de Cristo, como seria fácil para um cão, entender a nossa matemática. Ele simplesmente não chega lá! Terá de passar por muitas reencarnações, somente para chegar ao nosso grau evolucional. Depois, provavelmente ganhará um ego, arrogância e a presunção que é capaz de decifrar a linguagem dos semideuses, a nossa linguagem, na altura. Mas, para nós, ele continuará a ser apenas um cachorro, nem vamos dar importância. Porque já subimos mais um degrau. Já largamos o nosso casaco terreno, já não damos importância à matéria, nem à carne. Isso para nós, vai ser o equivalente a um osso. Mas, com certeza iremos continuar a amar aquele cachorrinho...

Porque depois de ultrapassar esta missão, onde crescemos a cada segundo em direção ao divino, não vamos repetir outra vez a mesma disciplina. É tão simples quanto isto. Um aluno só repete o ano, se chumbar, e muitos chumbam. Por isso a parábola da porta estreita, e do caminho largo, por onde tantos escolhem passar, por ser muito mais confortável. Ainda que não leve a lugar algum.

Relatividade

Depois, fazemos uma análise sobre o espaço-tempo, para isso, temos de observar a teoria da relatividade, de Einstein, ainda antes de passarmos para os mundos paralelos de Stephen Hawking. Ora o tempo, quando dizemos que não existe, não é à toa... Einstein comprovou, no inicio do seculo XX, que o tempo mudava consoante a nossa velocidade no espaço-tempo. Isto significa o quê, precisamente? Bem, para tentar resumir, se fizermos uma viagem de avião durante 8 horas, a atravessar o atlântico, olharmos para o relógio e sincronizarmos com o relógio de alguém que se encontre parado, em Portugal, por exemplo, no final da nossa viagem, como viajámos a cerca de 1000 kms por segundo, o tempo recua um segundo no nosso relógio. Porque aceleramos o nosso corpo, andando um segundo no tempo, para trás, em relação ao outro individuo, que se encontrava parado. Um segundo, pode não parecer muito, mas se acelerarmos mais, o tempo vai recuando mais, ao ponto de, se atingirmos a velocidade da luz, o tempo para, literalmente. Isto pode não parecer muito importante, mas é uma porta para o futuro. Se, por exemplo, um extraterrestre atravessasse o universo por 5 minutos, até chegar à terra, para ele, tinham passado 5 minutos, apenas, mas para nós, teriam passado 10.000 anos! Já começa a ter interesse? Basicamente, Einstein descobriu a fórmula para o regresso ao futuro, e isso é a relatividade. Quando olhamos para um relógio, ele só se move aquela velocidade, porque estamos inseridos no espaço-tempo da terra. Noutro planeta, o tempo demora mais tempo a dar uma volta ao sol, pelo que os relógios também se aceleram. Menor a velocidade, maior a passagem do tempo. Então, o tempo não existe, senão numa determinada perceção de tempo, como a morte. Quando ultrapassarmos esta barreira, poderemos reviver as vezes que quisermos, sem nos preocuparmos com o tempo, não é demais?

Perceção extrassensorial

Todas as nossas perceções provêm de um estado de experiência já vivido. Não é possível compreender um perigo, sem antes ter passado por ele. Por isso tantas pessoas têm medo de aranhas. Elas já foram picadas por uma delas, muitas já morreram em vidas passadas, por picadas de aranhas venenosas. Até o ser humano desenvolver anticorpos suficientes, as aranhas eram extremamente perigosas, como o escorpião. Depois, a pessoa já nasce com o instinto natural de se proteger das aranhas, porque já passou por elas. Um hipopótamo é muito mais perigoso do que uma aranha, no entanto, apesar de morrerem muitas pessoas por ataques de hipopótamo, não é um registo pertinente, ninguém se assusta com a imagem de um hipopótamo. É demasiado grande e óbvio, para as pessoas terem pavor, elas simplesmente se afastam, se alguma vez virem um hipopótamo. Somos a construção constante das nossas experiências. Não é possível entender a pobreza e a fome, sem antes passarmos por ela. Não é possível entender o ódio, sem antes passarmos por ele. Não é possível entender o abandono, sem antes havermos sido abandonados. Nem é possível entender a dor proveniente do amor, sem antes havermos passado pela desilusão. Não compreendemos quem mata, sem antes termos matado alguém, nas devidas circunstâncias obscuras da vida, nem é possível entender a violência, sem antes por ela havermos sofrido. Aqueles que hoje sabem de absoluta certeza que não podem matar, é porque já mataram, algures no tempo, outras vidas, e sentiram o pavor angustiante do remorso. Também não é possível compreender os prazeres da homossexualidade, sem antes haverem experimentado, é impossível. Como não compreendemos em Portugal as culturas que se alimentam de ratos, e de cães, porque nunca o fizemos nem tencionamos fazer. Portanto, toda crítica é ignorante, todo julgamento do que desconhecemos, por mais absurdo que possa parecer. Mas podemos censurar os atos ignorantes, porque já os cometemos, então, hipocritamente somos juízes dos outros. O deserto é o mesmo para todos, embora uns vão lá na frente, já pisaram as suas crateras, já conhecem o caminho mais certo. Só podemos sofrer, pelo que não passámos, ainda. Ninguém pode arrancar o mesmo dente duas vezes. Todo sofrimento provém das espectativas, dos outros, sempre. Na medida em que entendemos que os outros não têm nada para acrescentar, que não tenhamos já, em nós, na nossa alma, como o amor, nunca mais sofremos. O outro está ali, eu estou aqui, dele eu não exijo nada, sou feliz! Enquanto não passarmos por todo longo processo de desilusão, sempre vamos acreditar no que não existe. Alguém que é exatamente igual a nós, que serve os nossos propósitos, que nos ama mais do que tudo. Que não nos desilude, nem trai, que é leal o tempo todo. O ser humano não é assim, para isso, é melhor ir buscar um cachorro. O ser humano é e sempre vai ser oportunista, sempre vai querer o que não tem e amar a quem não pode ter. É tão simples e óbvio, que Platão, há 2400 anos atrás, já o sabia. Buda, há 2500 anos atrás, já o sabia. A razão do sofrimento humano, é sempre as expetativas. No filho, no marido, no próprio irmão. Ninguém é o que nós desejamos que seja, as pessoas simplesmente são pessoas, todas elas gostam e preferem ser amadas, servidas, bajuladas e de vida boa, se possível com sexo. Tudo mais, é pura ilusão. Se um homem ou mulher quer garantias de amor eterno que não traga sofrimento, então que ame a Jesus. Mas se ele ou ela acredita que existe alguém perfeito, coisa que não existe, então que sofra a desilusão das expetativas. O outro, será sempre o outro. Entender isso é aceitar tudo o que está do outro lado, sem exigências nem julgamento. Somente assim, duas pessoas podem ser felizes. Porque quando vier a manipulação e a cobrança, vem guerra.

Ninguém vai mudar por você, cada qual, vive única e exclusivamente para si mesmo. Agora você pode ser feliz, se quiser, também pode ser infeliz, se quiser, até pode se lamentar, se quiser, mas nada vai mudar, porque você quer. O universo já é perfeito, com ou sem a sua opinião.

A última coisa que interessa ao universo é o seu ego, que nada tem para oferecer senão a ele próprio. Por isso ame-se, se quiser ser feliz, ame-se e crie a sua própria realidade, isenta de expetativas dos outros.

Realidades fragmentadas

Não existe tempo, nem uma realidade. Tudo aquilo que você vê é apenas uma ilusão. Uma ilusão incontestável dos sentidos no tempo, comprovável através de uma simples análise sincrónica das múltiplas realidades. Se o tempo existisse mesmo, teria de ser uniforme, perene, imutável e constante. Uma pedra seria sempre a mesma pedra, o carvão jamais se tornaria diamante. Se uma pérola existe, não existe aqui, mas no espaço-tempo de todas as realidades da existência, umas existindo como sendo o passado, e outras, o presente e o futuro.

Então, a realidade só pode existir num espaço-tempo multidimensional.

Faremos uma breve análise, muito simples:

Você é um jovem com vinte anos de idade, sem emprego, nem dinheiro, nem namorada, vive num paradoxo existencial. Nada sabe da vida, sente-se

perdido, frágil. Aos 25 anos, descobre um bom trabalho e nesse emprego conhece uma mulher, pela qual se apaixona. Antes dos 25 anos, a sua realidade era uma, a solidão e a dúvida, a insegurança. De seguida tudo muda, ele já tem uma mulher, algum dinheiro também. Essa é a sua nova realidade, a

mulher, o trabalho, a casa e o carro, durante cinco anos é a sua realidade. Parece tão real que é incontestável, ele ama e vive intensamente. Próximo dos 30 anos de idade, começa a programar uma nova realidade, ter o seu primeiro filho. Ao chegar aos 30, algo acontece, uma serie de circunstâncias levam a um pequeno acidente vascular cerebral, o que o coloca em coma. Ele não sente nada, simplesmente fica ali, parado, por cinco anos seguidos. Quando acorda, para ele, apenas passaram algumas horas de sono, no entanto, tem agora 35 anos e a sua mulher encontra-se casada com outro homem, há 3 anos, e já tem um filho pequeno. Ela aparece, conta-lhe tudo, lamenta que as coisas tenham mudado, mas já não o ama, é apenas uma amiga, alguém que "ontem" era a sua realidade, e hoje uma impossibilidade. Agora ele está completamente perdido, a sua realidade é uma só, o sofrimento profundo, nesses cinco anos perdeu tudo, a mulher, a casa, o carro e o emprego, assim do dia para a noite. Ele acredita que isso tudo é real, porque naquele espaço-tempo parece ser real. Como parece ser real, durante anos ele sofre, muito. Agora já está quase com quarenta anos, não sabe o que fazer, ainda se sente aquela criança adolescente com vinte anos, mas tem quase 40. Ele sente que algo vai mudar,

sente que não nasceu para morrer assim, perdido. Toda realidade passada, não foi uma, mas fragmentos

de múltiplas realidades. Num universo paralelo, ele ainda tem 20 anos, ele ainda não conheceu aquela mulher.

Essa realidade faz parte do passado numa fração de tempo, apenas. Mas quando conhecer a sua mulher, vai acontecer exatamente o mesmo. Porque já havia acontecido numa outra realidade, num outro universo, ele sente isso e fica imediatamente apaixonado. Porque nós sentimos profundamente todas as nossas existências temporais dos outros universos paralelos, afinal de contas, vivemos ao mesmo tempo neles todos. Essa é a única realidade, o paradoxo do tempo. Agora, voltando à realidade inicial, a aparente, aquela em que toda tragédia aconteceu, o que se sucede? Uma vez que não existe uma única realidade, mas muitas, ele está também em conexão com uma outra realidade, aquela em que ele já tem 50 anos e é milionário.

Embora nesta, nada tenha, ele sabe e sente que vai ter. Também sabe e sente que vai ter outras mulheres, outras paixões. Mas de alguma forma, sempre vai estar conectado com a outra realidade do outro universo paralelo, onde ele ainda está junto e apaixonado por aquela mulher. A realidade não existe, senão dentro de um espaço-tempo que já passou, vai passar e ainda está para acontecer. Não há uma só realidade, porque não existe um tempo. O tempo é a ilusão do próprio tempo, da grande realidade, o conhecimento de todas as realidades, o homem-Deus.

Portanto, quando este texto chegar às suas mãos, na verdade você já o leu numa outra dimensão, onde o hoje já faz parte do seu passado e por isso você se identifica com tudo aquilo que está escrito. Comprovando que somos muito mais do que esta ilusão, somos a conexão intemporal de todas as frações de pensamento. O que é algo de muito maravilhoso, porque é eterno.

Movimento cósmico

Para Einstein, o tempo era relativo, o espaço determinante, a velocidade, imperativa. Mas como isso interfere no nosso pensamento, na nossa vida? No eclodir da alma, na essência de quem somos, do que edificamos?

Numa boa leitura, com conteúdo, vamos selecionando os ingredientes da alma. É muito interessante alimentar a alma, um crescer interno e a expansão da consciência. O ser humano tem a impressionante capacidade de se autoalimentar como inteligência autossuficiente. Tiramos as dúvidas às nossas dúvidas, atendemos ao nosso propósito.

Conscientes que todos os dias morremos, renascemos e voltamos a viver, sempre com uma visão diferente, superior, amplificada pelo tempo. Observamos o que os grandes sábios legaram, absorvemos essa mesma sabedoria, com a delicadeza de um colibri de Xangai. Acalmando as nossas ânsias, apaziguando as nossas turbulências. Assim caminhamos gradativamente para o despertar de uma nova consciência universal, a ligação com o absoluto, com Deus. Eventualmente, as águas mais turvas mostram-se límpidas, como a fonte mais pura das montanhas. Cada frase, palavra e pensamento passa a ser parte integral do nosso ser, porque temos a célula de divina em cada partícula nossa, a potestade.

Ainda que parados, estamos sempre em movimento, esse movimento é a força das estrelas que se distanciam, gradativamente, na expansão cósmica infinita que vem de dentro de cada um de nós. Em cada segundo de pensamento, a terra gira a uma velocidade orbital de 107.000kms por hora, em torno do sol.

Concomitante movimento acrescentado à velocidade do sol, que completa uma órbita na Via Láctea a cada 225 milhões de anos — viajando a mais de 777 mil de km/h. fazendo com que a nossa velocidade real em torno da galáxia seja algo equivalente a 870.000 km por hora. Como a nossa galáxia também se desloca, percebemos que a esta velocidade temos de multiplicar pela velocidade do movimento intergaláctico expansivo, uns impressionantes 581 quilómetros por segundo. O equivalente a

atravessarmos o oceano atlântico em apenas 10 segundos, isto sem sequer nos apercebermos.

Agora imagine a velocidade da lua, que além de percorrer toda esta velocidade, ainda nos contorna numa velocidade orbital de 1000 km por segundo. No entanto, o nosso pensamento consegue contê-la, fazer com que pare, para que

a possa observar pelo tempo que quiser, refletindo como um espelho toda aquela luz solar magnetizada pela noite, força que levanta as marés, revolta os mares e até mesmo as baleias uivam em temor.

Nós somos o centro, somos porque temos o pensamento, esta capacidade de compreender e refletir, sobre todas estas maravilhas circundantes!

E aí vamos crescendo, sabiamente, entendendo que, de uma forma ou outra, todo este movimento cósmico faz parte da nossa existência. Se não houvesse movimento, não haveria vida, nem pensamento. Em cada fração de pensamento, emanamos luz, vida e esperança. Essa mesma luz, é o que faz de

você, uma pessoa única, maravilhosa!

"O homem não teria alcançado o possível se, repetidas vezes, não tivesse tentado o impossível."

Max Weber

Razão e Moral

Uma das maravilhas de Einstein foi a fórmula mágica E=MC², ou seja, a energia é igual à massa vezes a velocidade da luz, ao quadrado. Resumindo, Einstein comprovou que uma banana acelerada à velocidade da luz, vezes a velocidade da luz, geraria energia suficiente para fazer explodir um país, ou iluminar uma cidade por um ano!

Isso é meio que espantoso, principalmente tendo em conta que foi no ano 1902 que Einstein fez essa descoberta, com 21 anos de idade. Tal descoberta permitiu aos americanos a criação da bomba de Hiroxima, não utilizaram uma banana, era demasiado difícil acelerar a mesma à velocidade da luz, ao quadrado. Mas utilizaram um pedaço de Urânio, o que já continha partículas radiatomicas aceleradas, criaram a bomba que matou 166 mil pessoas instantaneamente e muitas mais, por efeitos retroativos das radiações espalhadas pelo vento, ao longo de muitos anos. Supostamente, o presidente dos EUA, Harry S. Truman, desanimado com a resposta japonesa para a rendição incondicional, tomou a decisão de usar a bomba atômica para acabar com a guerra, com o objetivo de evitar que uns números maioríssimos de vidas fossem perdidos no caso de uma invasão aos EUA ao território japonês. Pelos cálculos estimados, a guerra iria matar, no mínimo, mais 500 mil soldados americanos, então, Truman decidiu fazer o que considerou uma escolha difícil, mas de moral que atendesse a um bem superior. Ao matar 166 mil pessoas, poupava a vida de outras 350 mil, o que parecia moralmente correto. Agora, o que é moralmente correto? Uns elaboram que Truman teve a decisão correta, outros não. A maior parte das pessoas confunde muito o que é moral com o que é razão. Por definição, moral é a escolha que melhor obedece a um princípio de lei divina, fazermos o que a nossa consciência manda. Mas a nossa consciência, nem sempre segue a moral, em grande parte das vezes, preferimos utilizar a razão. Razão e moral, não é a mesma coisa. A razão é um princípio lógico inteligente, concreto. Razão é racionalizar, ser objetivo, não atender ao sentimento.

Vamos exemplificar... imagine a velha história de um comboio que vai atropelar 20 pessoas, porque está desgovernado. Você vê que o comboio vai matar essas pessoas todas e pode carregar num botão, fazendo com que mude para outra linha, matando apenas uma criança. Você carregaria nesse botão, para salvar as 20 pessoas? Nesta pergunta, muitas pessoas costumam dizer que sim. Parece lógico, não é?

Mais ou menos como a escolha de Truman, também carregou num botão. Isto é ser racional. Mas e se ao invés de uma criança, existisse um homem, o responsável pelo comboio ir na direção das 20 pessoas, e você teria de o matar, para salvar essas 20 pessoas, empurrando-o do alto de uma ponte, você fazia isso? Ou permitia que morressem essas pessoas todas? Bem, uma coisa, é carregar num botão, outra coisa é sujar as mãos...

Isto é o que todas as pessoas geralmente dizem. Ora, neste caso, não estão a ser coerentes, matar uma criança ao carregar num botão não é menos grave que matar um adulto culpado com um empurrão. Mas as pessoas associam que um botão, é apenas um botão, quando não é. O botão de Truman matou 166 mil pessoas. Mas para complicar um pouco mais, eu vou provar que as pessoas não seguem moral alguma...

Imagine que, ao invés de ser uma criança, ou um criminoso, estaria o seu filho do outro lado da linha, e para salvar as 20 pessoas, você teria de o matar, clicando no botão, você clicava? Obviamente que não, a maior parte das pessoas, não mataria o próprio filho. No entanto, todos estavam inicialmente programados para matar uma criança, para salvar 20 inocentes! Ora, a lógica da moral, muda de figura quando é para o nosso lado, não é? Qual seria a resposta certa, afinal? Na verdade, é muito simples, do ponto de vista realmente moral, teríamos de ler um dos 10 mandamentos sagrados de Moisés – NÃO MATARÁS.

Lembrando este mandamento, e decidindo fazer uma escolha moral, não poderíamos clicar botão nenhum, morressem as 20, 30 ou mil pessoas, não teríamos esse direito. Mas, do ponto de vista racional, o da razão, teríamos de carregar no botão, porque a razão diz que mais vale salvar 20, que uma. Moral e razão, não é a mesma coisa... Hitler, não tinha moral! Tinha razão, muita razão. Ele queria acabar com os doentes, com as raças inferiores, enfim, com meio mundo. Mas o seu objetivo era racional, como arrancar um dente podre. A razão acaba com o nosso lado humano, divino. Acaba com os casamentos, com a moral, em prol de uma outra escolha que parece ser mais aliciante. A moral preserva os nossos valores, não matar, não roubar, não enganar o próximo. Isto é moral, não é racional. Racional é entrar para um governo, roubar grandes fortunas e proporcionar uma vida maravilhosa aos nossos filhos. É racional, mas não é moral, Deus não gosta, sabemos que, no fundo, não é correto. Essa é a diferença entre a porta estreita e o caminho largo e espaçoso, que leva à perdição.

Teoria do Pensamento Circular

Deus criou a esfera...o homem criou o quadrado. A vida é um espaço entre dois pontos. toda a existência provém da inteligência, cujo princípio fundamental é o amor, potenciador do

elemento. Deus é o pai de todas as coisas vivas, na emanação pura residente em tudo que existe, é a inteligência absoluta, a potestade imutável na criação, como um círculo perfeito numa abstração circular.

O amor, é uma roda viva. Se oferecermos um beijo, criamos meio círculo, ao receber o beijo de volta, completa-se esse círculo. Todas as obras de Deus são absolutas, perfeitas, circulares, desde o microcosmo ao universo infinito, tudo é circular, as células são circulares, o sol e a terra também, até ao átomo e seus microcomponentes. O que edifica é circular, entretanto a conceção humana desenvolveu o conceito matemático... um mais um, dois. Princípio que a soma de muitos pontos origina a reta, o homem usou esse conceito como uma máxima, não avaliando esta propriedade. A reta foi o primeiro erro do homem, é o oposto radical da criação inteligente, é o princípio e fim, o início projetado de um erro contínuo.

Somente na conceção humana existe o conceito de reta, nada é reto, tudo é circular e assim o homem concretizou o erro. Ao seguir essa reta, o seu pensamento vai atrás da imperfeição, sendo agir ou pensar em linha reta, sem errar, dando origem à morte, pois toda a reta tem um pressuposto final.

Todo o pensamento linear é um pensamento difuso, incorreto, começa sempre por errar, antes de acertar. Se tentarmos seguir em linha reta, não será possível, pois o mundo é circular.

Um mais um não são dois, pois não existem duas coisas iguais, tudo circula, até mesmo a nível celular, a energia, a vida. O mesmo princípio deve aplicar-se às pessoas. temos de andar em círculos, se debatermos com alguém, estamos a agir em linha reta. A violência é igualmente reta, a destruição face à criação, que é circular. O homem circular vive com cristo, pois sua vida não acaba nunca.

Quando o círculo acaba, continua e dá voltas e voltas, pela eternidade. A morte é apenas o fim do primeiro ciclo, e o início imediato do segundo. Já o homem linear, acredita no plano, age de forma direta, frontal, acreditando que no final da reta, ele morre. Se tudo o que deus criou é perfeito, a imperfeição é obra do homem.

Todos os erros derivam do mau pensamento, destrutivo, e da reta. Como pode o homem ir contra Deus, inventando o absoluto erro?

Visualize o ciclo perfeito da vida... Deus criou a perfeição, e o homem, a imperfeição. Como podemos criar algo, se acreditamos exatamente no seu oposto? Então, para criar algo, temos primeiramente de compreender a noção de círculo, a noção do certo. Se iniciarmos algo com uma base sólida, correta, toda a base errada é apagada, e então estamos no sentido certo.

Faça tudo de forma circular, tenha uma visão circular, assim conseguirá ver para além das montanhas. Aja sempre com amor e circularidade. O amor é o início do ciclo perfeito, de uma vida perfeita, eterno e imutável, como Deus. Se você tiver problemas com alguém no

seu trabalho, use o pensamento circular, evite essa pessoa, tudo o que não é bem feito, é deletério. Imagine-se como uma célula, sempre em movimento, multiplicando-se sem nunca tocar em nada. é essa a base para uma vida perfeita, imaculada, como um círculo perfeito de felicidade inacabável, esse é o segredo do pensamento circular.

A mensagem de Kryon

A mensagem sagrada é emitida pelas entidades superiores do planeta vénus, localizado na 5ª dimensão. É uma frequência única que é recebida pela constelação de Órion e retransmitida para as tês pirâmides do Egito, que a recebem e emitem para todo planeta em forma de onda. Essa onda é ouvida, captada pelos iluminados. Os iluminados são os poetas, os escritores, os compositores, os artistas que são as pessoas mais sensíveis. Eles recebem a informação e voltam a transmiti-la, muitas vezes sem se aperceberem. Como os médiuns, não há diferença alguma. Todas as pessoas conseguem ouvir a mensagem, mas grande parte delas fecha esse canal interno, convertendo a vibração harmónica num estado de ansiedade que obriga a uma neutralização por drogas ou outros elementos. Transformando a energia positiva em matéria densa, pesada. A humanidade mudou muito, nos últimos trinta anos. As novas gerações já são mais recetivas e livres de condicionantes históricos. Já não se fecham para a novidade, elas aceitam, são curiosas. Hoje, algumas centenas de médiuns comunicam com as entidades, partilham as mensagens que nunca mais acabam, e o que era considerado misticismo, torna-se apenas um fato. Eles usam todos os meios ao alcance deles, as entidades, os seres de vénus, para nos oferecer toda ajuda que necessitamos. Entre eles está Kryon, um ser milenar que já entrou em contato muitas vezes com o seu conhecimento Crístico. Ele é maravilhoso e está aqui, agora. Está aqui e vai começar a falar, porque é Kryon.

Os humanos gostam de linearizar tudo, colocar as coisas em caixas. Para melhor compreenderem, mas a realidade não é linear, mas expansiva e maravilhosa. Para abrir o portal do seu eu superior, eu vou convidá-lo a abrir um portal, um portal mágico que vai permitir a sua expansão. Isto vai ser possível, agora. Você agora está a comunicar connosco, ouvindo. E milhões estão a ouvir a mensagem. Agora eu gostava que imaginasse uma sala grande, uma sala circular. Imagine-se dentro dessa sala. Como o amor de Deus funciona? Visualize uma cor verde, aveludada. Vamos abrir o portal.

Você está nessa sala grande, o que consegue ver? Isto é uma viagem metafórica, nada que nunca tenha feito antes, vamos recalibrar a sua mente. Tudo o que você vai ver, é a ativação do novo humano. Você vai rearranjar a sua alma e lembrar-se de tudo. Será possível que toda sua natureza pode mudar? A resposta é sim, toda natureza humana está a mudar. Todas as coisas estão a mudar. Agora vamos ver a sala. Você entra e não reconhece a sala. Eu vou explicar a metáfora. Você vai encontrar sete portas na sua nova casa. Há muitas mais portas, mas hoje, vamos conhecer estas sete portas. Relaxe.

Cada uma das portas, está aberta, ou fechada, com a luz acesa, ou apagada. Agora vamos conhecer o que está nas sete salas das sete portas. A primeira porta está aberta, chama-se sobrevivência e tem a luz acesa. Porque está sempre a ser utilizada, por si. Mas, pela primeira vez, vamos apagar a luz desta sala. O que vai acontecer? Nada de mais, a única diferença é que quando a luz está acesa, você vai levar a sua sobrevivência para todo lado, sendo o seu primeiro foco. A sobrevivência é um estado de preocupação constante. Isso vai mudar. Se você desligar essa luz, vai começar a descobrir coisas novas, sem medo. Porque não está em estado de sobrevivência. Essa era a porta número um, a porta numero dois, chama-se ego. A porta está aberta, a luz está acesa. É preciso explicar? Você tem o ego ligado o tempo todo, junto com a sobrevivência. Agora vamos apagar a luz dessa sala e fechar essa porta. A luz estava ligada há muito tempo. Você não precisa da luz do ego ligada o tempo todo. Porque você não é ego, mas a compaixão de Deus que mora em você. Que mora em você e em todo lado, ao mesmo tempo. Agora você fechou essa porta, acabou o ego. Vamos olhar a terceira porta. A terceira porta chama-se intelecto e emoção. A porta está aberta e a luz acesa. Mantenha-a como está, você precisa do intelecto e emoção para sentir o amor de Deus. A porta ficará aberta, sempre, e a luz, ligada.

Agora vamos para a quarta porta. A quarta porta é a autovalorizarão. A porta está aberta, mas a luz, apagada. A porta tem a luz apagada porque desde sempre a humanidade acreditou que não tinha direito a ser amada, porque não era importante. Mas você é importante porque é uma parte de Deus. É importante e merecedor de ter essa luz ligada. Ligue a luz e deixe-a ligada o tempo todo. Você merece ser valorizado o tempo todo. Agora sinta... Como é magnifico ser amado. Ame-se e sinta o amor de Deus. Sempre. Isso não é ego, é a realidade, você é merecedor. A porta número cinco é a consciência de si próprio. Essa porta está fechada. Você vai conseguir abrir essa porta. Ela sempre fechada, não estava a ser utilizada. A consciência de si próprio é multidimensional e leva-o a todos os lugares do universo. Abra essa porta, por favor. Arranque a porta, abra a luz, essa é a ponte que procuramos. A porta estava fechada. Quando abrir a luz dessa sala, você terá consciência do seu eu superior. Existe uma frase escrita na parede dessa sala. Essa frase diz – "eu sempre estive aqui ". Agora deixe essa sala aberta, a luz acesa. Sempre. Há mais duas portas. Estão ambas fechadas. O novo humano vai abrir uma dessas portas. A porta número seis chama-se inteligência corporal. Estava fechada. Você vai abrir essa porta, e acender a luz. A partir de hoje, você vai passar a conhecer o que se passa dentro do seu corpo. Não vai mais precisar de ir ao médico, para saber o que se passa dentro do seu corpo. Você já saberá tudo. Porque a porta vai ficar aberta, agora. Você irá saber tudo que seu corpo sente e sabe. Você irá conhecer a inteligência do seu corpo.

Não tem lógica você não ter a consciência do que se passa com o seu corpo. Ao abrir a porta, você vai abrir a luz e deixar a luz ligada, sempre, a partir de hoje. Abra essa porta, agora. Nunca mais a feche. A intuição irá ensinar tudo a você sobre o que se passa dentro do seu corpo, sempre. Falta uma porta, a porta número sete. Vamos olhar para essa porta. É uma porta com um formato estranho, você nunca tinha visto algo assim. É uma porta transparente, diferente. Não dá para saber se a porta está aberta ou fechada. Nem podemos ter a certeza que a porta esteja ali. Talvez esteja ali, se você acreditar que ela existe. Talvez não esteja ali, se você não acreditar. O nome da porta chama-se o Deus superior. Chama-se o eu sou. É o portal divino. É a linha de comunicação ao outro lado do véu.

Não é uma porta visível, nem tem uma sala visível, porque não está ali. Porque quando você abrir essa porta, você não estará ali, mas estará em todo lado ao mesmo tempo. Não é uma porta para a morte, é uma porta para a vida eterna. Você sabe que tem essa porta dentro de si. E sabe o que chamamos a isso? Ascensão! Este é o novo humano, este é você, a razão pelo que estamos aqui.

A razão de todos os nossos ensinamentos. Amamos você!

As 4 vidas do ignorante

Ele é Igor, um homem comum, muito inteligente. Igor era uma criança feliz, não tinha muita coisa, mas divertia-se com qualquer coisa, como todas as crianças. Tinha um pai, uma mãe, um irmão, amigos e brincava muito. Igor tinha grandes capacidades e todos o adoravam. Até aos seus 20 anos, Igor era uma criança. Ao completar 20 anos, Igor começou a perder seus amigos, pois eles todos já tinham uma namorada. A sociedade dizia que ele devia ter, pelo menos, uma ou duas namoradas. Então, Igor arranjou a sua primeira namoradinha. Ele gostava muito dela, mas logo surgiu outra melhor. Até aos 25 anos, Igor teve umas 10 namoradas e gostou de todas um pouco, até amou algumas. Cada uma delas levou uma parte dele. Mas durante 25 anos Igor ouviu toda gente dizer, inclusive na televisão, que tinha de ter um carro. Porque homem tem de ter um carro, ou não é homem. Ele começou a trabalhar, juntou dinheiro por uns tempos e comprou um lindo carro. Igor gostava mais do carro que de todas as namoradas. O carro era uma boa parte dele. Mas Igor sabia que homem que é homem, tem de ter uma família. Então, ele se apaixonou por uma mulher linda e casou com ela. Ele amava ela tanto, que metade dele, era ela. Da outra metade, uns pedaços tinham ficado distribuídos pelas mulheres todas, e o resto, no carro que ele tanto amava. Igor não era famoso, nem muito lindo, nem rico e nem culto. Mas era um homem inteligente. Agora estava na hora dele se tornar gente, ter o seu filho e cumprir com a sua missão na terra. Então, já casado com a sua linda mulher, tiveram o primeiro filho e depois, uma filha. Os filhos ficaram com um pedaço gigante de Igor. Os anos iam passando, e Igor sentia-se vazio. A mulher não era tão boa quanto parecia, o sexo era limitado, não correspondia as espectativas ardentes de Igor. Até que, um dia, Igor descobriu uma mulher realmente quente. Uma bomba viva, mais nova que sua mulher, mais atrevida e muito mais sensual, na cama. Era a sua verdadeira paixão. Ele ficou amante dessa mulher, saia de casa e ia ter com ela. Agora ele estava dividido entre duas mulheres, um carro e dois filhos. Até que um dia, a sua mulher descobre e o casamento acaba. Ela afasta-se e começa a andar com outro homem. Nessa altura, Igor sente-se mal. A sua metade tinha ido embora. Ele sentia que lhe tinham arrancado um braço e uma perna. Porque metade dele era a sua mulher. Os anos vão passando e os filhos casam-se, afastam-se. Igor sente mais um bocado a ir embora. Até que a sua ardente mulher mais jovem se apaixona por um homem bem abastado de dinheiro, e some também. Ele amava essa mulher, quase tanto quanto a primeira. Já tinha perdido os braços e as pernas, agora até os seus cabelos somem. Ele sente que não tem nada, embora uma parte dele ainda esteja no seu amado carro. Um dia, um safado qualquer faz um risco no seu carro e Igor fica doente. Como Igor não era rico, aquele carro era tudo para ele, ou quase tudo. Até que um dia, mais tarde, Igor morre, infeliz, sentindo que sua vida toda tinha sido um desperdício, porque não tinha nada. Depois disso, Igor renasce outra vez. Desta vez, ele já nasce um lutador. Ele não procura casamentos, ele quer ser um homem rico! Ele já cresce a pensar em dinheiro. Começa a trabalhar bem cedo, a juntar dinheiro. Ele não se cultiva muito, porque trabalhar é mais importante. Aos 25 anos de idade, Igor já tem a sua primeira empresa. Aos

30 anos, já tem vários restaurantes e muitos automóveis. Ele vai ficando mais rico e mais rico, mas quantas mais coisas ele compra, mais vazio se sente. Porque o seu perispírito está dividido entre uma serie de automóveis, casas, relógios, bens. Ele se esforça cada vez mais para sentir que tem alguma coisa, compra quintas, barcos, propriedades. E quanto mais propriedades Igor tem, mais vazio se sente. Pois ele já não era uma pessoa, mas a soma de um monte de propriedades. Um dia, Igor morre, sentindo-se o homem mais miserável da terra, pois em sua essência, ele não tinha nada. Porque não havia se cultivado. Igor renasce outra vez, desta vez, vai ser diferente. Ele não vai cair no erro de se entregar para outras mulheres e perder a sua essência. Também não vai entregar a sua alma para bens materiais, ele no fundo, já sabe que nada disso traz felicidade. A felicidade, só podia estar no conhecimento.

Então Igor estuda para ser o melhor aluno da escola. Ele ganha todas as medalhas de honra e vai para a faculdade. Ele tira duas licenciaturas sem chumbar um ano. Depois, Igor tira um mestrado em Teologia. Mas ele não para por ai, quanto mais aprende, mais ignorante se sente, em relação ao que falta aprender. Ele completa o doutoramento e segue para o pós-doutoramento. Depois Igor começa a trabalhar como investigador para o estado, onde tira, também, um MBA. Ele se sente cada vez maior, mais culto, mas isso não basta. Ele continua a estudar mais e mais, os outros começam a parecer cada vez mais idiotas, perto dele, que já se sente um sábio. Ele se sente sábio, mas por dentro é um homem infeliz. Ele sente que de nada serve ser assim tão culto. Ele quanto mais aprende, mais arrogante se torna, é inevitável. Porque conhecimento faz a pessoa se sentir maior do que os outros. Agora ele sente que está rodeado de macacos ignorantes, não tem uma pessoa neste planeta que o satisfaça. Já ficou velho, e nada. É até odiado pelos outros, embora saibam todos que ele é muito inteligente. Então, Igor olha para o céu, sentindo-se o homem mais pobre do planeta, e morre. Estas foram as três vidas de Igor. Mas o universo é perfeito. Igor nasce mais uma vez. Desta vez, Igor não nasce inteligente. A sua inteligência é meramente emocional. Ele vem à terra como uma pessoa simples. Ele é belo, lindo. Ele não pretende ser rico, não sabe porquê, mas não tem esse desejo. Ele também não sente necessidade de aprender nada. Ele se sente muito bem assim, ignorante. Ele não sente desejo por bens materiais, ele já se sente bem, como está. Também não é um homem muito fogoso, não ama as mulheres assim tanto. Ele se sente mais bonito que elas. Sua vida segue sem pretensões. Ele não é o mais sábio, mas o mais ignorante. Nessa ignorância, ele encontra a felicidade. Porque ele é ignorante de conhecimento, mas perante o olhar de todos, é um sábio. Quando um rico se aproxima de Igor, sente-se pobre perto dele, porque Igor não precisa de estar, ele já é. A sua essência está toda dentro dele. Por isso é tão admirado pelos outros. É o mais cobiçado pelas mulheres, não se oferecendo a nenhuma delas. É o mais sábio dos sábios, porque não procura conhecimento, ele já é. Ele é o conhecimento, ele é o amor, ele é a riqueza, ele pura e simplesmente tem tudo. Desde as estrelas do céu, ao reflexo do sol sobre o mar. E Igor vive agora a sua vida, em felicidade, pois não precisa de mais nada, viver, já é ter tudo, e agradece por estar vivo.

Inconformismo

A felicidade está nos nossos olhos. É ali que ela se centra. O olhar crítico traz infelicidade. O inconformismo traz infelicidade. Podemos sempre olhar para outro lado, sentir de outra forma. Há pessoas que procuram e encontram

infelicidade o tempo todo. Porque seus olhos assim buscam, sempre centradas no ponto mais negativo que encontram. Naquilo que poderia ser, e não é. Tentando moldar tudo e todos à sua volta, começando na família e estendendo seus próprios pareceres pelo mundo. O mundo já é perfeito, por entre imperfeições e diversidade.

Podemos encontrar flores escondidas no meio de um pântano e observá-las. Como podemos viver conspirando o excremento num prado de rosas. Tudo é uma perspetiva. Uns agregam-se ao que é bom, seja onde for, por piores que sejam as circunstâncias. Outros encontram guerras nas planícies mais perfeitas das esferas mais altas da vida. Sempre julgando isto e aquilo. Vivendo no passado. Chorando o futuro. Indagando o presente e protestando sempre. A nossa visão do mundo é responsável pela nossa felicidade. O céu continua azul, as nuvens não param de passar, o sol a todos irradia e os pássaros não vão parar de cantar. Independentemente de qualquer circunstância. Todos temos desertos por percorrer, todos temos oásis no fim.

Se se sente infeliz, mude sua forma de ver, olhando para onde interessa. Humilde requer a capacidade de nada interferir na realidade dos outros. Não manipular, não opinar, não protestar. Porque eventualmente, tudo vai passar. Infelizes aqueles que vivem no

olhar alheio, porque são impotentes e nunca serão aceites. Que viva cada qual o seu próprio caminho. Do mal dos outros, posso eu bem. Quem tudo quer de perfeito, tudo verá imperfeito. Essa a razão da infelicidade. A inconformidade com a vida, com o todo.

"Não se preocupe com a perfeição -

você nunca irá consegui-la."

Salvador Dali

Selecionismo

Se você quer ser feliz, não pode viver num ambiente contaminado. Alie-se àqueles que são seus semelhantes. Em todos os sentidos. Muito mais importante que a aparência é a sincronicidade dos semelhantes. Se você não é fumador, não se alie a um fumante. Só vai gerar uma discussão constante. Não importa quem tem razão. Se não são semelhantes, afastem-se de uma relação conjugal. O outro não vai mudar porque você quer. Se você é desportista, porque preza uma relação de corpo perfeito, não se alie a quem prefere curtir um bom jantar e um bom vinho. Seguido de uma sessão de prazer, sexo e relaxamento. Não vai dar bom resultado. O outro não vai se tornar um ou uma desportista, não vai se tornar vegetariano, você pode ser a pessoa melhor intencionada do mundo, só vai gerar discussão. Cada qual escolhe o seu modo de ser feliz. As pessoas sempre tentam moldar os outros, com um propósito superior. E acabam feridas por idiotice. Ninguém vai mudar absolutamente nada porque você quer. Isto aplica-se a tudo e mais alguma coisa. Se você se aliar aos seus semelhantes, nunca terá problemas. Se você gosta de sair para se divertir, beber um pouco, libertar o stress, dançar, não se alie a quem é puritano. São divergentes perspetivas. Vai gerar confusão. O selecionismo é a base para toda relação. Não se iluda convencido que o outro vai emagrecer, parar de fumar, se tornar melhor na cama, ficar mais romântico, não. Isso é pura ilusão. Se não corresponde, não se alie. Irá sofrer a vida toda e ainda colocará a culpa no outro. É lógico. Cada um é exatamente aquilo que escolheu ser.

Independente de ser a pessoa mais simpática do planeta. Mas se por alguma razão louca e inexplicável você resolver ficar com aquela pessoa, então não caia no erro colossal de tentar que o outro mude. Não vai mudar. Mude você, se quiser. Ninguém muda por ninguém. Você só se alia a quem quiser. Se você é apreciador de sexo bem extravagante e louco, a outra pessoa nem tanto, esqueça! Não vai dar certo. Nunca vai mudar nada, por milagre. Depois não adianta reclamar. A realidade está à vista. Só não vê, quem não quer.

"Não creio, no sentido filosófico do termo, na liberdade do homem.
Todos agem não apenas sob um constrangimento exterior, mas também de acordo com uma necessidade interior."

Albert Einstein

Desde o exórdio, nos foi oferecida sempre duas hipóteses de interpretação da realidade, uma sendo a ciência, outra a religião. Para a ciência, somos todos aquilo que interpretamos como um acidente cósmico e aleatório, para a religião temos uma outra razão, ser bons e servir a Deus, independentemente de tudo, aceitar todas as circunstâncias cegamente e sem nada contestar. Mediante estas duas possibilidades, as pessoas vêm-se impelidas a aceitar qualquer uma, pendendo para um lado qualquer, ou caem em ateísmo e são ateus, ou decidem pender para o divino e nada mais importa. Os mais sábios tentam usufruir das duas hipóteses, estudam a ciência e convergem com o propósito divino para não perderem nada. Mas porque só nos oferecem essas duas hipóteses? Porque nos ocultam o que é mais óbvio, a verdade de Buda, de Pitágoras, de Platão? Porque as pessoas se recusam a entender que há uma terceira hipótese e essa hipótese é a existência de um matrix? Certamente que muitos já ouviram falar de Max Planck, o pai da física quântica, a quem foram atribuídos os maiores prémios de todos os tempos. Max Planck descodificou o código do átomo, descobriu o impossível e o impossível é que não há impossível. Que tudo é uma infinita cadeia de possibilidades e que a força motriz dessas possibilidades é o pensamento. O que leva a deduzir que o pensamento altera o movimento e a ação do átomo, e Max Planck confirmou precisamente isso, cientificamente. A+B não é igual a C, A+B pode ou não pode ser C. Nada está estipulado e um mais um, não é dois. Um mais um, pode ou não, ser dois. Dito isto, até o próprio Einstein deitou as mãos à cabeça, e protestou. Protestou durante 15 anos, até que, após muito discutir com o brilhantíssimo Niels Bohr, acabou por concordar com a relatividade de tudo em relação à variável que é o pensamento. Para tentar simplificar esta tese, porque agora as pessoas ficam a pensar – como assim, um mais um não é dois? – darei no próximo capítulo alguns exemplos muito simples.

Desde sempre que o homem usou a física Newtoniana para fazer os seus cálculos. Esta física era básica, simples e eficaz, consistindo num conjunto de fórmulas pré-estabelecidas que eram sustentadas por silogismos e lógica. Por exemplo: "Todos os homens são mortais, Sócrates é homem, logo, é um mortal".

Isto é um silogismo, um conceito criado por Aristóteles e que parece profundamente lógico para muitos e, respetivamente, para a física Newtoniana. Mas para Francis Bacon, o pai da ciência moderna e um dos maiores génios de todos os tempos, esse princípio estava errado. Porquê? Porque é um princípio experimental não intuitivo e logo, pode induzir em erro. Passando a explicar, quando vemos um magico a tirar um coelho de uma cartola, nem sempre quer dizer que as cartolas dão coelhos, por mais convincente que seja o magico, e a cartola. Somos levados a crer que A+B=C porque isso é tão lógico que parece verdade, como parece lógico que um mais um seja dois. O problema está que, para algo ser verdade, tem de ser sempre verdade. Não é. Um mais um pode ser dois, mas também pode ser três, ou quatro, ou 100. Se colocarmos um rato numa gruta, ou melhor, se colocarmos um rato mais um rato numa gruta, aparentemente temos dois ratos, no entanto, ao fim de dois meses podemos ter cem ratos, não dois. Também podemos ter apenas dois ratos, ou um rato, porque podem ser dois machos e um pode comer o outro. Tudo isto comprova que, nem sempre um mais um é dois. Isto não se aplica apenas a ratos, se forem pessoas vai haver a mesma hipótese, se forem pedras também. A única forma de garantir que um mais um é dois, seria juntando duas peças exatamente iguais, e todos sabemos que não existem duas coisas iguais em lugar algum, por isso, um mais um não é dois, mas pode muito bem ser dois. A realidade não é linear, o universo não tem uma data de nascimento porque antes de existir, já existia o tempo (conforme referenciado por Immanuel Kant), o que significa que antes de existir o universo, já existia alguma coisa e isso é o universo. Caímos sempre num paradoxo e esse paradoxo é o matrix, a única coisa que temos a certeza que é real, e essa coisa é o código genético que forma todas as coisas, ou seja, o DNA universal. Isto significa que a única coisa que sabemos que não é real, é a própria realidade. Tudo o resto é a ilusão da própria realidade.

BIOCENTRISMO

A capacidade de criar o universo à nossa volta com o uso da nossa consciência. Buda nasceu na mesma altura de Tao, um pouco antes de Confúcio, há 2600 anos atrás, ambos trouxeram uma mensagem estrelar...

As pessoas ouviram as mensagens, no entanto não as entenderam muito bem, porque não eram divertidas. As pessoas preferem ouvir histórias, contos, metáforas que sirvam de exemplos nítidos e claros. Os Japoneses são inteligentes, serviram-se de todas estas mensagens e transformaram-nas num método novo – os contos Zen.

Ouvindo os contos, todas as pessoas compreendiam as mensagens e assim elas eram divulgadas. Se não for divertido, ninguém vai ouvir, nem ler, nem querer saber para nada. Talvez por isso Cristo usasse tantas metáforas, os lírios do campo, que eram mais belos que as vestes de Salomão, o rei dos reis da antiguidade, etc.

A vida é um jogo de futebol. Você corre atrás da bola, tenta marcar golos. Milhões observam você jogar, o tempo todo. Todos querem que você ganhe, os seus adeptos. Eles estão aí, a vê-lo, o tempo todo, mas você não pode olhar para eles, está concentrado na bola, no jogo.

Você acha que está sozinho, na vida, mas milhares de entidades olham para si, seres de luz, anjos, extraterrestres, espíritos, há muitos nomes que se podem dar. Mas eles estão lá, o tempo todo. Se você ficar parado, a descansar, eles aguardam que continue. Se você perder a vontade de jogar, e ficar num canto, eles não vão apreciar, tentarão incentivá-lo.

Cada vez que você tem sucesso e marca um golo, que é um passo na sua vida, eles celebram, gritam de felicidade, mas o ruido é tanto que você não ouve.

Eles são Deus, são o pai, são a outra humanidade, os seres estrelares. Os que enviam as mensagens desde o exórdio. Para você, o jogo parece muito comprido, uma vida inteira a correr atrás da bola. Para eles, são apenas umas horas, o tempo é relativo, muito relativo.

Se você sofrer um pouco, torcer um pé, cair para o chão em sofrimento, eles sabem que é apenas por uns momentos. Logo estará atrás da bola, outra vez. Mas para você, podem parecer meses, anos, pode entrar em frustração, desistir de jogar. Esta é a metáfora, a vida são dois dias, duas horas, dois segundos. Mas você sempre estará acompanhado pelos anjos protetores.

Quando você reza, para por uns momentos com a mão no peito, é um gesto nobre e eles ficam comovidos e rezam com você. Esse é o poder do amor, a oração.

O problema da ciência e do empirismo, ou seja, da experimentação e leva dos silogismos é que nos levam a acreditar que, se A+B sempre foi C, então sempre vai ser C. Isso nos condiciona a acreditar em os fatos como serem absolutos e isso é perigoso. Podemos, por exemplo, contatar o fato de um homem ir adquirir uns cachorros de raça, inteligentes e dados como fiéis, para tomarem conta da casa e fazerem companhia a uma criança. O homem escolhe a raça Rottweiler, animais puros e recém-nascidos, recomendados por um criador. Não era suposto haver perigo algum, uma vez que não é uma raça perigosa, mas controlada e registada. Um dia, dois cachorros ainda em crescimento resolvem atacar a criança, despedaçando-lhe um braço. Todos ficam em choque, do dia para a noite, A+B já não é C, tudo mudou, agora a raça é considerada perigosa e, por inércia, todos os Rottweiler entram para a lista dos cães de fila, se um Rottweiler é maluco, todos os Rottweiler são malucos e passamos automaticamente a utilizar o silogismo de Aristóteles. O que está errado aqui? Não é por um cão atacar o seu dono que todos os cães o vão fazer, não é por um casamento correr mal, que todos vão correr, A+B não é C, nem vai deixar de ser. Tudo é, até deixar de ser na cadeia ínfima de probabilidades, porque o matrix encarrega-se de mudar os códigos o tempo todo, e essa é a realidade. A ciência não está certa, nem está errada, ela simplesmente é falível, muito falível, e ninguém está disposto a acreditar nisso, todos ficam olhando para a vida de uma forma linear. Por isso, quando uma pessoa faz um aniversário, ela envelhece. Porque todos acreditam que passou mais um ano e quando passa um ano, todos envelhecem. Tudo ilusão das nossas próprias cabeças, que preferem acreditar em linhas do que nos milagres da multiplicidade cósmica, o matrix quântico.

Introspeção

Perguntamos, talvez, porque estudar este ou aquele assunto mais complexo sobre as origens e afins do universo, para quê ter esse trabalho de aprendizagem se, um dia, eventualmente, vamos morrer?

Questionamos, provavelmente, se existe uma lógica divina para tudo, ou não, se tudo é, afinal, algo de aleatório? E continuamos a questionar internamente sobre a razão disto, ou daquilo, sobre o bem, sobre o mal, indagando questões profundas e complexas como as injustiças e o lucro dos incautos. Não seria de esperar obtermos nós, os que tentam e se esforçam, por receber, então, o maior bónus? A celebre recompensa dos justos? Mas não é assim que funciona, meus queridos.... Perante a questão da morte e da evolução, se a morte existisse, não haveria mesmo propósito algum em qualquer aprendizado, bastava ser animal, matar a zebra, come-la!

Usufruir dos sabores mais intensos do pecado mais profundo... A consciência não nos permite isso, porque ela tem sim a ligação ao divino, ao nosso "eu" cósmico que trabalha com Deus e a ele pertence. A consciência sabe que não existe pecado, mas erro e que eventualmente iremos pagar por esse erro, por esse ato egoísta e idiota de trapaça em prol do proveito próprio.

Por isso não dormimos bem, se agirmos mal! Por isso precisamos de aprender o tempo todo e até deixamos um legado de sabedoria para quem vier atrás, e todas as lições são muito bem-vindas, porque nos ensinam a superação com menos dor e esforço.

Então lemos o que 10 aprenderam e depois passamos a mensagem, entretanto morremos e outros vão e aprendem com essa mensagem e acrescentam mais dez mensagens, e vão criando o livro da sabedoria ao longo de milhares de anos, a bíblia do futuro, podemos acrescentar. E nós hoje aprendemos com as nossas próprias mensagens do passado, porque já as havíamos escrito, e assim vamos crescendo com as nossas próprias palavras, vida após vida, em direção a Deus.

É possível observar o passado em tempo real. Basta olhar para o céu, à noite. Aquelas estrelas todas pertencem ao passado. A mais próxima de todas, tirando o sol, está a quatro anos-Luz de distância e chama-se Alfa Centauro. Isso significa que aquela luz demorou quatro anos a chegar à terra, à velocidade de trezentos mil km por segundo.

Também significa que a estrela não está ali, como a vemos, mas estava exatamente há quatro anos atrás. É como olhar para o passado. De fato nenhuma das estrelas está ali, uma vez que a segunda mais próxima está a cinco anos e meio de distância e a mais afastada, a 190 mil anos Luz. Portanto estamos a olhar para uma luz de há 190 mil anos atrás e ninguém sabe onde essa estrela realmente está, agora. Muitas das nossas perceções estão enganadas. Parece que estamos realmente a ver algo e, no fundo, estamos a viajar para o passado e nem uma única estrela está realmente ali, agora. Também observamos o sol com 8 minutos de atraso, e a lua com um segundo apenas de diferença. De modo que, se houvesse uma explosão e o sol desaparecesse, podíamos observar em tempo real na televisão um satélite a emitir a explosão do sol, que ainda tínhamos 8 minutos de vida na terra, com sol, antes que tudo acabasse.

Parece quase um filme de ficção, mas é a pura realidade. As pessoas ainda não estão preparadas para o quão fantástica é a realidade, e a fantasia dessa mesma realidade. Por vezes os sonhos e as ilusões podem ser muito mais verdadeiros do que imaginamos. Seria bom que todos compreendessem que tudo isto é uma lição, uma prova, uma ilusão com vista a nos ensinar os verdadeiros valores que não são o dinheiro, nem a matéria. Que as pessoas compreendessem que estão aqui com uma missão de introspeção e Deus vai abanando uns ossos à nossa frente, de lés a lés, para ver como nos saímos. Sempre correspondemos à incredulidade, agindo como cães atrás de um osso, porque estamos de olhos fechados. O que interessa, na vida, afinal? Apenas uma coisa: O amor.

O Matriz – a matriz divina

O matrix é um código que você próprio desenhou, o seu "eu" superior desenhou para você. Comunique consigo mesmo e faça da sua vida um mar de ostras, não duvide nunca, pode até duvidar de Deus, se quiser, (embora eu não recomende) mas não duvide de si mesmo. A realidade está ao seu alcance, mude hoje, se desejar, ou fique exatamente como está, você manda em tudo à sua volta, é a sua vida, a sua realidade.

Porque muitos nunca conseguem mudar isso? Porque estão absorvidos pelo matrix, acreditando que esta realidade é imutável! Todos aqueles que acreditam, conseguem fazer milagres, conseguem transcender e marcar o golo do Cristiano Ronaldo. Essa é a diferença.... Acredite!

Esse é o segredo dos campeões, eles vão no matrix e mudam as regras do jogo a favor deles próprios e o mundo inteiro fica a contemplar, ávido e pasmado.

Não existe massa, não existe matéria, tudo é uma ilusão da própria realidade que só existe no matrix do seu próprio pensamento e você pode alterar isso a qualquer momento.

A vida na terra são umas férias e você pagou por elas, está na hora de desfrutar à vontade.... Somos o sonho ou pesadelo que recriamos a todo instante.

As pessoas não são muito de crenças, elas preferem utilizar o "racional e comprovado", de alguma forma, as palavras racional e cientificamente comprovado inspiram alguma confiança...

O problema é que esse racional e comprovado só funciona se houver uma fé nesse mesmo objeto científico. Se não houver uma crença absoluta e superior, o objeto perde todo o efeito. É até semelhante à prece e aos dogmas. A pessoa dá uma de "cientista" para parecer inteligente, mas na verdade é uma religiosa passiva, sem se dar conta. O médico prescreve determinado medicamento ao paciente e afirma sabiamente que o paciente vai ficar melhor. O paciente acredita na cura e, ainda antes de o comprimido entrar no estômago, já passou a dor de dentes! Claro que se o médico disser ao paciente que a dor só vai passar uma hora depois de tomar o medicamento, então nesse caso o medicamento não aufere cura mágica instantânea, porque o paciente já não acredita em tanto assim.

Se o doutor disser que existe um efeito placebo no medicamento e que grande parte da cura consiste nesse mesmo efeito, então aí o doente vai perder a confiança absoluta que tinha no tal médico, talvez ele seja um incompetente, agora o medicamento já só vai fazer metade do efeito. Se, além disso, o médico disser ao doente que há a de de haver uma reação em um milhão de o paciente ter um ataque cardíaco e morrer, nesse caso a credibilidade do médico desaparece por completo, o paciente já nem vai tomar aquele comprimido, ele vai a outro médico menos incompetente, um daqueles médicos que sabem o que estão a fazer, que vai receitar o comprimido milagroso, então ele vai ao tal outro médico, o médico receita exatamente o mesmo comprimido, mas com um nome diferente, o doente toma o comprimido e pim, em dois segundos passou a dor de dentes, ele já está praticamente curado.

O que aconteceu de diferente? O médico era outro, mais novo, menos interessado, despachou o doente com uma história rápida, mas a crença na cura de um médico mágico que é um grande cientista e está tudo mais que comprovado, garante agora que a cura seja imediata. O que isto difere de uma crença em Deus, nos anjos ou na nossa senhora de Fátima, em que um doente acredita que determinada oração lhe vai conceder uma cura milagrosa?

Nada, ambos os sistemas funcionam com a modelação do matrix interno, quem fez a cura foi a crença, foi o sujeito. No dia em que o sujeito deixa de acreditar, a cura deixa de existir.

Agora vamos supor que você precisava de perder uns quilos porque sentia que ficava mais saudável e bonita.

Começava a fazer umas daquelas dietas dispendiosas, mas que resultam, comendo umas bolachas sem sabor ao jantar e ao acordar. A dieta garantia-lhe uma perca significativa de peso e você estava satisfeita.

Depois, você descobria uma outra forma de emagrecimento quântica, que consistia num método de purificação interna muito mais fácil e económica.

Tudo o que você tinha de fazer era colocar o despertador para as duas da manhã e tomar dois copos de água por entre o sono.

A água tinha de ter umas gotas de limão que iam servir de um poderoso antioxidante e você perdia muito mais peso que com a outra dieta idiota.

Agora sim, você estava realmente contente, sentia-se inteligente com essa descoberta.

Será que a dieta dos copos de água era realmente uma verdade, ou apenas uma teoria inventada por um físico qualquer à procura de protagonismo?

Por um lado, você realmente estava a perder muito peso, mas seria verdade?

A única verdade absoluta é que você acreditava na dieta e, por isso, emagrecia.

Se uma outra pessoa não acreditasse, a dieta não faria efeito algum.

Claro que se você não tomasse nada, não emagrecia, a crença precisa de um suporte, como a ideia de um Deus, ou de um comprimido.

A razão disso é que o matrix não se deixa aceder sem uma chave, neste caso a chave são os copos de água com limão.

Para uns, pode ser considerado um ritual mágico, para outros, apenas biologia, o limão ingerido em doses homeopáticas à noite faz um efeito milagroso.

Não existe magia, mas existe magia, a magia de entrar no matrix com o seu pensamento e acreditar, com esse processo, tudo resulta, é o poder da fé.

É fascinante observar como as pessoas ficam hipnotizadas com os fatos científicos, interpretando tudo como sendo uma verdade absoluta, apenas porque foi comprovado cientificamente. Os experimentos científicos apenas utilizam uma teoria inventada por alguém e, muitas vezes, atribuem como verdade aquilo que não é contestado por mais ninguém. Temos o exemplo da lua, alguém se lembrou de sugerir que a lua era um pedaço de Marte que se soltou ao colidir com a terra e ficou ali a flutuar por milhões de anos, e ninguém mais contestou essa ideia. Por isso, é considerado uma verdade científica, ainda que não haja prova alguma para atestar a sua veracidade. Tal como as teorias do Big Bang, os homens constataram que todas as estrelas se estavam a afastar ao mesmo tempo, por isso, deduziram cientificamente que todas tinham de ter partido de um único ponto comum, que seria a origem do universo. Como eles sabem disso? Estavam lá, para ver? Não, tudo dedução fundamentada no princípio de Cristian Doppler, ou seja, o efeito doppler, se todas as estrelas têm uma emissão externa vermelha, é porque se estão a afastar e se se estão a afastar, é porque vieram daqui. Mais um teorema silogístico, ou seja, A+B é C, não importa se C é um absurdo, essa é a teoria, vamos respeitar.

O problema dos fatos científicos é que estão sempre a mudar, porque raramente são corretos. Quando eu era pequeno, era obrigatório as crianças serem operadas às amígdalas. Logo, eu também fui operado, porque a medicina assim o exigia. Pouco tempo depois, as amígdalas já eram "amigas" do ambiente circundante, ou seja, não faziam mal algum. Porque é que eu fui operado? Provavelmente na altura o matrix dizia que aquelas bolinhas estavam ali a mais. O curioso é que, para bem de nossos pecados, lá encima estão sempre a transcodificar o matrix e a realidade continua a mudar, vão surgindo galáxias inteiras novinhas em folha para o homem "descobrir", doenças novas também, para não cairmos em monotonia, e muitas mais descobertas científicas fantásticas, pena que nenhuma delas explique de onde vem a luz solar, de onde nasce aquela energia toda, onde está a ficha e quem vai pagar no final a conta da eletricidade...

Não podemos, no entanto, ser absolutistas em relação à ciência, criticando ou julgando de alguma forma. Devemos, sim, observar todos os fatos com a maior transparência possível. É normal e usual uma pessoa cair no engano do experimento, na verdade, todos caímos. Por exemplo, se temos um grande amigo que sempre foi leal, que nos acompanhou por anos e anos, em alturas fáceis e outras difíceis, sem nunca nos deixar na mão, vamos acreditar à la posteriori que esse é um amigo leal. A experiência nos ensinou isso. Mas não podemos afirmar cientificamente que o mesmo nunca nos vai trair, vender, desiludir e passar para o lado do inimigo, porque na verdade isso só iremos saber, no dia da sua morte. Se realmente a vida toda ele foi fiel, então era um bom amigo sim. No entanto, o tempo todo observamos situações de amigos de infância que sempre foram leais e, um dia, por motivos de sabe-se lá o quê, porque nós tivemos um percalço qualquer, acabamos perdendo uma amizade, ou uma namorada, ou uma mulher, por vezes até, um irmão. Sim, essa é a realidade. Se utilizarmos o fator experimental para dar como garantido qualquer tipo de relação, então podíamos afirmar que uma mulher que nunca traiu, que teve uma ótima educação, que nunca foi materialista ou interesseira, seria de fato uma mulher fiel. Isso nós podemos afirmar enquanto A+B for C. No entanto, há uma hipótese de um dia A+B não ser C, ou seja, um dia, a propósito de nada, a tal mulher que sempre foi fiel pode fazer um clique e ser infiel. Tão certo como a loteria, é uma possibilidade e isso quando acontece, seja com uma mulher, seja com um marido ou namorado, as pessoas ficam destroçadas e o mundo delas acaba, junto com toda aquela realidade científica e é quando as pessoas começam a olhar para o céu e a questionar a Deus o porquê daquela causa.

Porque as pessoas questionam? Porque não era suposto a ciência errar, a mulher boa é suposta de ser boa sempre, tolerante sempre, leal sempre porque sempre foi.

Mensagens do tempo

É possível observar o passado em tempo real. Basta olhar para o céu, à noite. Aquelas estrelas todas pertencem ao passado. A mais próxima de todas, tirando o sol, está a quatro anos-Luz de distância e chama-se Alfa Centauro. Isso significa que aquela luz demorou quatro anos a chegar à terra, à velocidade de trezentos mil km por segundo. Também significa que a estrela não está ali, como a vemos, mas estava exatamente há quatro anos atrás. É como olhar para o passado. De fato nenhuma das estrelas está ali, uma vez que a segunda mais próxima está a cinco anos e meio de distância e a mais afastada, a 190 mil anos Luz. Portanto estamos a olhar para uma luz de há 190 mil anos atrás e ninguém sabe onde essa estrela realmente está, agora. Muitas das nossas perceções estão enganadas. Parece que estamos realmente a ver algo e, no fundo, estamos a viajar para o passado e nem uma única estrela está realmente ali, agora. Também observamos o sol com 8 minutos de atraso, e a lua com um segundo apenas de diferença. De modo que, se houvesse uma explosão e o sol desaparecesse, podíamos observar em tempo real na televisão um satélite a emitir a explosão do sol, que ainda tínhamos 8 minutos de vida na terra, com sol, antes que tudo acabasse. Parece quase um filme de ficção, mas é a pura realidade. As pessoas ainda não estão preparadas para o quão fantástica é a realidade, e a fantasia dessa mesma realidade. Por vezes os sonhos e as ilusões podem ser muito mais verdadeiros do que imaginamos. Seria bom que todos compreendessem que tudo isto é uma lição, uma prova, uma ilusão com vista a nos ensinar os verdadeiros valores que não são o dinheiro, nem a matéria. Que as pessoas compreendessem que estão aqui com uma missão de introspeção e Deus vai abanando uns ossos à nossa frente, de lés a lés, para ver como nos saímos. Sempre correspondemos à incredulidade, agindo como cães atrás de um osso, porque estamos de olhos fechados. O que interessa, na vida, afinal? Apenas uma coisa: O amor.

Akasha

O Akasha é o princípio original, o espaço cósmico, o éter dos antigos, o quinto elemento cósmico (quintessência) e a quinta ponta do pentagrama.

É, então, o substrato espiritual primordial, aquele que pode se diferenciar. Segundo a teosofia relaciona-se com uma força chamada Kundalini.

Eliphas Levi chamou o Akasha de luz astral. No paganismo, o Akasha, também chamado de Princípio Etérico, corresponde ao espírito, à força dos Deuses e é representado no Hermetismo, segundo Franz Bardon, pelo Ovo negro, sendo um dos cinco Tattwas constituintes do Universo.

Para os hindus, o Akasha é um lugar onde se encontra o elemento éter que significa energia universal.

Na psiquiatria o Akasha designa o espaço sutil onde estão armazenados todos os conhecimentos e feitos humanos, desde os primórdios. É a memória da humanidade. Este corresponde ao inconsciente coletivo de Carl Gustav Jung.

Também é chamado de fluido cósmico universal e de hausto divino.

Segundo a crença de algumas religiões pagãs todo o universo foi criado a partir dos Cinco

Elementos da Natureza: Ar, Fogo, Água, Terra e Akasha, sendo este o espírito.

Todo os demais elementos foram originados do Akasha (o arquétipo).

Por isso ele é considerado o mais elevado dos cinco elementos, o mais poderoso e inimaginável; é a base de todas as coisas da criação. Assim, o Akasha é isento de espaço e de tempo. O não-criado: incompreensível e indefinível. Segundo Franz Bardon, é o que as religiões chamam de DEUS, pois contém tudo o que foi criado e é ele que mantém TUDO em equilíbrio. É o espaço onde se originam todos os pensamentos e ideias e matéria na qual se mantém tudo o que foi criado.

Temos então que o Akasha é uma pelicula do tempo, onde ficam registadas todas as pegadas, pensamentos e atos de todos os homens, como se de um filme multidimensional se tratasse.

O Akasha é um registo que começou nos primórdios do tempo e não tem um fim, é a memória do próprio tempo.

Você pode ir até o registo akáshico, durante o sono, e observar o dia do seu próprio nascimento, se quiser.

Também pode observar acontecimentos anteriores, como a crucificação de Cristo, no ano 30. O Akasha contém todos os registos, como se fosse um filme, mas real. Os mestres espirituais aprendem a consultar o registo akáshico durante as viagens astrais ou projeção astral. Dessa forma ampliam os seus conhecimentos e esclarecem as suas dúvidas. Para os iniciantes no oculto parece algo de muito fantástico, mas é só mais uma realidade para quem já abriu o canal da terceira visão, a clarividência.

Existem muitos segredos por desvelar e estão bem ao nosso alcance, o Akasha é mais um deles.

Tudo pertence a uma lógica absoluta e perfeita, para isso, teremos de ter uma visão multifocal sobre os acontecimentos e pensadores do mundo inteiro, inclusive no oriente.

A visão multifocal consiste numa observação externa, a partir de diferentes pontos de vista, isenta de uma opinião que se faz subjetiva. Atingindo um ponto concreto de observação, inteligente.

Sempre com o propósito alocêntrico de edificar algo, a construção do pensamento certo. Lao Tzu (571 a.C. - 531 a.C.), também conhecido como Lao Zi, foi um filósofo e poeta chinês. Todos os sábios eventualmente acabam por encontrar magia, na poesia. Autor de Tao Te Ching, fundador do taoísmo filosófico e uma divindade no taoísmo religioso e nas religiões tradicionais chinesas: "Aquele que conhece o outro é inteligente.

Aquele que conhece a si mesmo é sábio. Aquele que conquista o outro tem força. Aquele que conquista a si mesmo é poderoso.

Aquele que controla a si mesmo tem força de vontade. Aquele que se satisfaz é rico. Aquele que não perde seu posicionamento é durável.

Aquele que faz, não morre em vida. Acumular amor significa sorte, acumular ódio significa calamidade. Quem não reconhece a porta dos problemas, termina deixando-a aberta, e as tragédias surgem. O fracasso é a base do sucesso, e os meios pelos quais é alcançado.

A saúde é a maior posse. O contentamento é o maior tesouro. A confiança é o maior amigo.

Se quiseres acordar toda a humanidade, então acorda-te a ti mesmo, se quiseres eliminar o sofrimento no mundo, então elimina a escuridão e negativismo em ti próprio. Na verdade, a maior dádiva que podes dar ao mundo é aquela da sua própria autotransformação.

Se você está deprimido, está vivendo no passado; se você está ansioso, está vivendo no futuro. Se você está em paz, está vivendo no momento presente. O sábio não se exibe, e por isso brilha. Ele não se faz notar, e por isso é notado. Ele não se elogia, e por isso tem mérito.

E, porque não está competindo, ninguém no mundo pode competir com ele.

As palavras verdadeiras não são agradáveis e as agradáveis não são verdadeiras." -Lao Tzu Quinhentos anos após Salomão, Lao Tzu, do outro lado do mundo, compartilha a mesma mensagem, humildade, honestidade, otimismo, positivismo, sabedoria e reflexão.

De ressaltar a similaridade das palavras de Jesus, viver para o presente, não te preocupais com o dia de amanhã, acorda-te a ti mesmo, tal como Sócrates declamava - "conhecimento está dentro de ti ".

De reparar também na correlação com Buda, que afirmava que aquele que odeia, é como tomar do próprio veneno e esperar que o inimigo morra.

"O ser humano vivencia a si mesmo, seus pensamentos como algo separado do resto do universo - numa espécie de ilusão de ótica de sua consciência.

E essa ilusão é uma espécie de prisão que nos restringe a nossos desejos pessoais, conceitos e ao afeto por pessoas mais próximas.

"Nossa principal tarefa é a de nos livrarmos dessa prisão, ampliando o nosso círculo de compaixão, para que ele abranja todos os seres vivos e toda a natureza em sua beleza.

Ninguém conseguirá alcançar completamente esse objetivo, mas lutar pela sua realização já é por si só parte de nossa liberação e o alicerce de nossa segurança interior."

Albert Einstein

Siddhartha Gautama

Cinquenta anos depois de Lao Tzu, nos contrafortes do Himalaia, nasce Siddhartha Gautama, fundador do budismo - BUDA (563 a.C.) Príncipe de uma região no Sul do atual Nepal que, tendo renunciado ao trono, dedicou-se a desvelar as causas do sofrimento humano e de todos os seres, desta forma encontrou um caminho até a "iluminação".

A palavra - buda - significa "o iluminado "do sânscrito Cristos, o Cristo.

Consagrado mestre espiritual, as palavras de Buda são uma fonte de inspiração para toda espiritualidade humana, não representando uma religião, mas um modo de vida.

"Somos o que pensamos. Tudo o que somos surge com nossos pensamentos. Com nossos pensamentos, fazemos o nosso mundo. É capaz quem pensa que é capaz.

A paz vem de dentro de você mesmo. Não a procure à sua volta. Só há um tempo em que é fundamental despertar. Esse tempo é agora. O que somos é consequência do que pensamos."

Buda

Posfácio

A nova era é o início do surgimento do novo humano, os cosmohumanos. As mensagens do astral são intemporais e evidentes, implícitas desde as escrituras Astecas às pirâmides do Egito. Hoje a ciência transpõe as barreiras do oculto para o homem. A crença já não tem razão de ser, temos a prova. Max Planck comprovou isso, com a descoberta do átomo consciente. Com a descoberta que os eletrões se moviam consoante a observação do individuo. Isso abriu as portas para um novo termo da física, a mecânica quântica. O biocentrismo e o homem como consciência criadora do cosmos circundante. O homem já existia mesmo antes de existir o universo. Somos uma fração de Deus, uma fração importante com a capacidade de criar e cocriar tudo que queremos. A consciência humana reduziu a camada de ozono, acidentalmente e de seguida reduziu a densidade magnética do sol, para que sobrevivêssemos. Todo homem tem o poder de criação sobre si mesmo. Essa é a mensagem que atravessou os milénios, desde o primeiro faraó, até hoje. Tudo começa com o pensamento. Com a nossa mente, se quisermos criar um girassol, plantamos a semente e em poucos meses, temos um girassol. Mas se o nosso objetivo for semear um campo de girassóis imenso, que dê toneladas de sementes de girassol e os seus lucros, também o conseguimos, mas vai demorar mais tempo. Maior o nosso projeto, maior o tempo a se concretizar. Tudo começa no pensamento. Podemos sim, materializar um Ferrari descapotável novo em folha. Mas não no tempo de adquirir uma bicicleta. Grandes obras requerem tempo, poder mental, fé e crença na nossa própria vontade, que tem de ser inelutável. O mesmo se aplica ao nosso corpo. Se queremos o físico de um atleta, é só pensar nisso. Mas vai demorar o seu tempo, anos. É pura lógica, Deus não concebeu os céus e a terra em dois dias. Na verdade, demorou alguns milhões de anos. Mas não desistiu, por isso a grandeza de Deus. Ele podia ter ficado cansado, ao fim de algumas horas, ou ao fim de alguns dias. Mas não. Somos os filhos da divindade, viemos à terra com um propósito edificante. E esse propósito tem como base o amor. Amor que tudo edifica, amor que se multiplica, amor que cresce todos os dias tanto por nós próprios, como pela humanidade. Ainda que por vezes possa parecer difícil, todos aceitámos esta missão. Missão que hoje nos glorifica com os frutos da eternidade. Isso nos concede a plenitude e a felicidade, mais nada.

Bruno Sousa

Bibliografia

Davidson, R. J. et al. "Alterações na função cerebral e imune produzidas pela atenção plena meditação ", Medicina Psicossomática, 2003, 65, pp. 564-70. Davis, K. et al. "Condensação de Bose-Einstein em um gás de átomos de sódio", Physical Review Cartas, 1995, 75, pp. 3969-73. Delanoy, D. et al. "Um estudo DA DMILS que estuda oemparelhamento agente-receptor", Proceedings ofPapéis Apresentados, The Parapsychological Association,42 " Annual Convention, 1999, pp. 68-82."O Erro de Descartes" - António Damásio "A Cura Quântica " - Deepak Chopra "As 7 Leis da Realização pessoal" - Deepak Chopra "A Cura pelo Pensamento" - Luiz Antonio Gasparetto "Ansiedade" - Augusto Cury "A Crítica da Razão Pura" - Immanuel Kant "História da Filosofia" - Jean-François Pradeau "Pais Brilhantes, Professores Fascinantes"- Augusto Cury "Você e a Eternidade" - Lobsang Rampa "A 3º Visão" Lobsang Rampa "Fundamentos da Gnosis" - Samael Aun Weor "As Cartas de Cristo" - Escrituras "A Bíblia Sagrada" -

Evangelhos " O Mestre dos Mestres " -Augusto Cury "Mensagens do Astral" - Ramatis - " O Livro de Seth" - Jane Roberts " O Livro de Ouro de Saint Germain" - M.Soares Claussen " Você é o que Pensa " -Lauro trevisan " Antropologia Gnóstica " - Samael Aun Weor " Einstein Relativamente Fácil " -Teodoro Gómez – "Seth Fala" – "Uma breve história do tempo " ; " O Universo numa casca de nós " – Stephen Hawking – " O Evangelho Segundo o Espiritismo " ; " O livro dos médiuns " – Allan Kardec – " Ocultismo Prático " – Helena P.Blavatsky

Outras obras do autor:

- Renascer
- A Filosofia
- As 1000 léguas do amor
- Capítulo 53- A partícula de Deus
- Akenaton Fala
- O Manuscrito
- O Código do Homem
- As 13 vidas do Faraó
- Atom – A Verdade Oculta
- Realidades Fragmentadas
- Psicofilosofia

FIM.

www.ingramcontent.com/pod-product-compliance
Lightning Source LLC
Chambersburg PA
CBHW052314220526
45472CB00001B/114